JN054770

統計ソフト「R」超入門〈最新版〉

統計学とデータ処理の基礎が一度に身につく!

逸見 功　著

ブルーバックス

必ずお読みください

- 本書は、パソコンの基本操作や、インターネットの一般的な操作（検索やダウンロードなど）を独力で行える方を対象にしています。
- 本書では以下の環境を使い、機能を確認して執筆しています。

R 4.2.2 for Windows

R Commander 2.8-0

上記以外の環境・バージョンをお使いの場合、設定やコマンドによっては、動作結果が異なる（動作しない）可能性があります。また、本書に掲載されている情報は、**2023年4月時点**のものです。実際にご利用になる際には変更されている場合があります。あらかじめご了承ください。

- コンピュータのソフトウェアという性質上、本書は紹介しているソフトの安全性を保証するものではありません。著者ならびに講談社は、本書で紹介する内容の運用結果に関していっさいの責任を負いません。**本書の内容をご利用になる際は、すべて自己責任の原則で行ってください。**

- 著者ならびに講談社は、本書に掲載されていない内容についてのご質問にはお答えできません。また、**電話によるご質問にはいっさいお答えできません。**あらかじめご了承ください。追加情報や正誤表などは、以下の本書特設ページに掲載いたします。

https://bluebacks.kodansha.co.jp/books/9784065318164/appendix/

装幀／五十嵐徹（芦澤泰偉事務所）

カバーイラスト／星野勝之

部扉・章見出し写真／iStock

本文デザイン・図版制作／鈴木知哉＋あざみ野図案室

はじめに

　ブルーバックス『統計ソフト「R」超入門〈最新版〉』をお届けします。本書の旧版は，読者が統計ソフトRとRコマンダーによってデータを解析できるようになることを目標として，2018年2月に出版されました。幸いにも好評を得て増刷を重ね，データ解析のリテラシーを身につけたいという方がとても多いことをあらためて認識しました。

　近年，データから情報を取り出す目的で，とくにビッグデータを活用する手段として，20世紀に発展した推測統計学の枠を超えたデータサイエンスが注目されています。日本のいくつかの大学においてデータサイエンスを標榜する学部や学科が新設されたのは，データサイエンスへの社会的な需要の高まりと期待の表れでしょう。

　旧版の出版後，統計ソフトRとRコマンダーのバージョンアップによる新しい機能の導入や改善，操作画面の変更などがありました。また，読者からの要望や質問に応えるためにも，旧版を改訂する必要性を感じていました。ブルーバックス編集部から最新版刊行の賛同を得られましたので，旧版を増補・改訂するかたちで本書の上梓にいたった次第です。

　最新版で新しく追加した主な機能は，離散数値変数のプロット，および回帰分析やロジスティック回帰分析における回帰係数のブートストラップ信頼区間です。読者からの要望や質問に応えた追加は，簡単なコマンドによる，メニュー操作で作成した表やグラフにおける変数の順序を変更

するカスタマイズの方法，およびグラフの重ね描きなどです。そのほかにも，さまざまな機能改善・強化による改訂が含まれます。これらの増補により，Rコマンダーがさらに実務で広く活用できるようになったと思います。

また，今回の改訂を機に，特設サイトにはWindows用のファイルのほか，読者からの要望が強かったmacOS用のファイルも用意しましたので，Macユーザーも本書を利用しやすくなりました。

統計学の考え方と基本的な統計手法を理解することが，あらゆる人にとって必要なリテラシーとなっています。リテラシーには，自らデータを解析できることが含まれます。

たとえば，企業で商品の売り上げをあげるための方法を検討するとき，経験や勘だけに頼るのではなく，市場調査などのデータに基づいた根拠が求められます。そのようなデータ解析に必要な計算やグラフ描画には，コンピュータのソフトウェアを利用することが必須ですが，手軽なExcelやNumbersなどの表計算ソフトを使っている人が多いのではないでしょうか。しかし，本格的な解析には操作の手間がかかりますし，出力されるグラフはプレゼンテーション用として満足できる品質とはいえません。

統計解析用のフリーソフトであるRについて，耳にしたり，試しに使ってみたりしたことがある人も多いでしょう。Rは近年，多くの統計学者の寄与によりデータ解析の標準ソフトといえるほど普及し，さまざまな統計手法がパソコンで自由に利用できるようになりました。

　しかし，残念ながらRは，UNIXやMS-DOSなどの20世紀のOSのようにコマンドをタイプ入力して操作するという，決してユーザーフレンドリーとはいえない操作性です。コマンドを覚える必要もあるため，頻繁に利用することがないユーザーには敷居が高いところがあります。

　この点を改善するために開発されたのが，Rのグラフィカルユーザーインターフェース（GUI）であるRコマンダーです。RコマンダーをRに組み込むことにより，メニュー操作でデータ解析が容易にできるようになりました。

　本書は，学生などの論文やレポート作成，あるいは社会人の仕事の役に立つために，手軽にデータ解析ができるよう，Rコマンダーの使い方を解説したものです。RとRコマンダーをパソコンにインストールして，実際に操作しながら統計手法を簡単に身につけられます。Rコマンダーで使える手法は多いので，記述統計と基本的な推測統計の手法，および因果関係を探求する上で必要となる回帰分析を中心に扱っています。紹介できなかった手法についても操作の要領は本書でわかっていただけると思いますので，ご自身で試してみてください。

　なお，本書の記述はソフトの操作法および結果の出力の見方に絞っています。数学や統計が苦手だと感じている人にもわかりやすいように，数式はなるべく使わずに説明しています。とはいえ，高校数学で学ぶ統計の知識があると読みやすいと思います。統計手法の詳しい解説は，統計学の本を参照してください。

本書で想定する読者は，統計学やデータサイエンスの学習のためにRでデータ解析の演習をしたい方のほかに，つぎの条件にひとつでも当てはまる方です。

- ExcelやNumbersで計算式や関数を入力して，正しく操作する自信がない
- Rを使ってみたいがコマンド入力に抵抗がある。あるいは，Rを使ってみたが挫折した
- プレゼンテーション用にきれいなグラフを描きたい

▶ **本書の構成**

本書は3部構成になっています。第Ⅰ部は，Rコマンダーを使用するための準備です。第1章でRとRコマンダーについて簡単な紹介をした後，第2章でそれらのインストールの方法を，第3章でRコマンダーの基本操作を説明します。まずはRとRコマンダーをインストールしてください。

第Ⅱ部は，実際にデータを解析しながら，Rコマンダーの使用法を紹介していきます。特設サイトからR用のデータファイルをダウンロードして，本書を読みながらRコマンダーを操作してみてください。

Rコマンダーが気に入った読者は第Ⅲ部に進んで，実際のデータを解析するときに必要となるデータセットとデータの管理について学んでください。Excel形式のデータファイルを特設サイトからダウンロードして，データをRにインポートした後，データの加工などの操作をしてみましょう。これらの作業は，データ解析に入る前の準備として

とても重要です。

　これで読者のみなさんは，Rコマンダーを操ってデータ解析ができるようになるでしょう。本書が，多くの方々にとってデータ解析のリテラシーを身につける一助となれば幸いです。

　本書では，データ解析の例として，医療機関の外来を受診した患者の心理的ストレスに関するデータを使って，一貫したデータ解析の流れをみてもらえるようにしました。解析の目的は，ストレスの要因や医師の指示に従わない行動をとる要因について探ることにあります。このストーリーに沿って，解析の面白さを感じてもらいたいと願っています。貴重なデータを提供してくださった山崎久美子博士に深く感謝申し上げます。

　2023年4月吉日

逸見 功

もくじ

はじめに　　　　　　　　　　　　　　　　　　　　……3

第 I 部　導入編

第 1 章　「R」ってなに?　　　　　　　　　　……14

コラム　　　　　　　　　　　　　　　　　　……21

第 2 章　Rを使うための準備　　　　　　　　……24

2.1　Rのインストール　　　　　　　　　　……24
2.2　Rコマンダーのインストール　　　　　……28

第 3 章　Rコマンダーを使ってみよう　　　……31

3.1　Rコマンダーの起動　　　　　　　　　……31
3.2　Rスクリプトでのコマンドによる操作　……33
3.3　パッケージ付属データの利用　　　　　……36
3.4　グラフの保存　　　　　　　　　　　　……41
3.5　グラフの応用ソフトへの貼り付け　　　……41
3.6　RとRコマンダーの終了　　　　　　　……42

第 II 部　実践編

第 4 章　データ解析を始める前に　　　　　……46

4.1　使用するデータの内容　　　　　　　　……46
4.2　変数の種類　　　　　　　　　　　　　……50
4.3　データ解析の流れ　　　　　　　　　　……51

第 5 章 データの特徴を探る
―1次元データの記述統計―　　　　　　　　　　　……53

5.1 | 量的変数のグラフ表現　　　　　　　　　　　……56
　　5.1.1　インデックスプロット　　　　　　　　……56
　　5.1.2　ドットプロット　　　　　　　　　　　……60
　　5.1.3　ドットチャート　　　　　　　　　　　……62
　　5.1.4　離散数値変数のプロット　　　　　　　……64
　　5.1.5　ヒストグラム　　　　　　　　　　　　……66
　　5.1.6　密度推定　　　　　　　　　　　　　　……71
　　5.1.7　幹葉表示　　　　　　　　　　　　　　……74
　　5.1.8　箱ひげ図　　　　　　　　　　　　　　……78
　　5.1.9　平均値プロット　　　　　　　　　　　……81
　　5.1.10 QQプロット　　　　　　　　　　　　……87

5.2 | 質的データのグラフ表現　　　　　　　　　　……91
　　5.2.1　棒グラフ　　　　　　　　　　　　　　……92
　　5.2.2　円グラフ　　　　　　　　　　　　　　……94
　　5.2.3　複数のグラフを並べて描画　　　　　　……96

5.3 | 数値による要約　　　　　　　　　　　　　　……97
　　5.3.1　すべての変数についての数値による要約　……97
　　5.3.2　量的データの数値による要約　　　　　……99
　　5.3.3　質的データの度数分布および適合度検定　……104

5.4 | 正規性の検定　　　　　　　　　　　　　　　……107

第 6 章 変数間の関係を探る
―多次元データの記述統計―　　　　　　　　　　……112

6.1 | 複数の量的変数間の関連性　　　　　　　　　……113
　　6.1.1　散布図　　　　　　　　　　　　　　　……113
　　6.1.2　相関の検定　　　　　　　　　　　　　……118
　　6.1.3　散布図行列　　　　　　　　　　　　　……120
　　6.1.4　相関行列　　　　　　　　　　　　　　……123

  6.1.5 3次元散布図 鳥瞰図   ……126

 6.2 **複数の質的変数間の関連性** ……130
  6.2.1 2元分割表 2つの質的変数間の関連性 ……130
  6.2.2 多元分割表 3つ以上の質的変数間の関連性……136

第 **7** 章 **平均に関する推定と検定** ……140

 7.1 **1標本における母平均に関する推測** ……140
  7.1.1 母平均に関する t 検定 ……141
  7.1.2 1標本ウィルコクソン検定 ……143

 7.2 **独立な2標本における母平均に関する推測** ……146
  7.2.1 母平均の差に関する t 検定と区間推定 ……147
  7.2.2 2標本ウィルコクソン検定 ……149

 7.3 **対応のある標本における平均の差に関する推測**……152
  7.3.1 対応のある標本の t 検定と区間推定 ……153
  7.3.2 ウィルコクソンの符号付き順位検定 ……155

第 **8** 章 **分散に関する検定** ……158

 8.1 **等分散性に関する F 検定 2つの集団** ……158
 8.2 **ルビーンの検定 3つ以上の集団** ……161

第 **9** 章 **分散分析** ……163

 9.1 **1元配置分散分析** ……163
  9.1.1 1元配置分散分析 正規分布の場合 ……164
  9.1.2 クラスカル・ウォリス検定 ……168

 9.2 **多元配置分散分析** ……170

第 **10** 章 **回帰分析** ……173

 10.1 **回帰モデルとは何か** ……173
 10.2 **回帰モデルの当てはめ** ……179

　　　　　10.2.1　線形回帰　説明変数が量的変数のみの場合 ……179
　　　　　10.2.2　線形モデル　説明変数が質的変数を含む場合……189
　10.3　**モデル診断** ……197
　　　　　10.3.1　グラフによるモデル診断 ……197
　　　　　10.3.2　数値によるモデル診断 ……206
　　　　　10.3.3　複雑な線形モデルの回帰分析 ……209
　10.4　**モデルの選択** ……212
　　　　　10.4.1　分散分析によるモデルの比較 ……213
　　　　　10.4.2　AICによるモデル選択 ……215
　10.5　**解析結果の保存** ……219

第**11**章　**比率に関する推定と検定** ……220
　11.1　**1標本における比率に関する検定** ……220
　11.2　**2標本における比率に関する検定** ……223

第**12**章　**ロジスティック回帰分析** ……226
　12.1　**ロジスティック回帰分析の考え方** ……226
　12.2　**モデルの当てはめ** ……229
　12.3　**モデル選択** ……239

第**Ⅲ**部　活用編

第**13**章　**データセットの準備** ……244
　13.1　**データエディタによる作成** ……245
　13.2　**データファイルからのインポート** ……248
　　　　　13.2.1　テキストファイルからのインポート ……249
　　　　　13.2.2　Excelファイルからのインポート ……253
　　　　　13.2.3　クリップボードからのインポート ……255

13.3	データセットの保存と読み込み	……257
	13.3.1 データセットの保存	……257
	13.3.2 データセットの読み込み	……258
13.4	データセットのエクスポート	……258

第**14**章 変数およびデータの管理 ……261

14.1	新しい変数の計算	……261
14.2	因子の管理	……263
	14.2.1 変数の再コード化	……263
	14.2.2 数値変数を因子に変換	……266
	14.2.3 因子水準の順序を変更	……271
	14.2.4 利用されていない因子水準の削除	……273
14.3	変数の標準化	……274
14.4	データセットの管理	……275
	14.4.1 変数名の変更	……275
	14.4.2 変数をデータセットから削除	……276
	14.4.3 データセットの結合	……276
14.5	アクティブデータセットの扱い	……278
	14.5.1 アクティブデータセットの指定	……279
	14.5.2 ケースの削除	……279
	14.5.3 欠測値のあるケースの削除	……281
	14.5.4 アクティブデータセットの部分集合の抽出	……282

付 録

付録1	Rマークダウン機能について	……286
付録2	有用な演算子一覧表	……290
付録3	有用な関数一覧表	……291
付録4	統計用語集	……292
付録5	Windows版とMac版の変数対照表	……309

さくいん ……312

第 I 部
導入編

第1章

「R」ってなに?

この章では「R」と「Rコマンダー」がどのようなソフトウェアで，どんなことができるのかを簡単に紹介します。RとRコマンダーが，Excelより便利なデータ解析の道具であることを知っていただきます。

「R」は，ニュージーランド・オークランド大学のロス・イハカ（Ross Ihaka）とロバート・ジェントルマン（Robert Gentleman）によって開発されたデータ解析用のフリーソフトウェアです。世界中の多くの統計学者がこのソフトを利用し，機能を強化しつづけており，現在ではさまざまな統計手法がWindows・Linux・macOSなどのOSで誰でも自由に利用できます。しかし，Rはコマンドをタイプして操作するために，頻繁に使用する統計やデータ解析の専門家でないと利用しにくいところがあります。

簡単な例でみてみましょう。4個の数値4.8, 5.2, 6, 8の平均を求める統計計算です。Rにコマンド

```
mean(c(4.8,5.2,6,8))
```

を入力してEnterキーを押すと，下に計算結果「6」が出力されます（図1.1）。きわめて簡単な例ですが，平均を求め

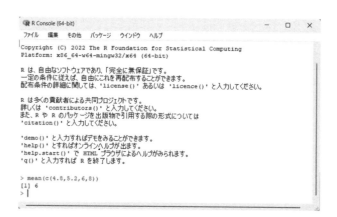

図1.1　Rにコマンドを入力して平均を求めた画面

るコマンド「mean( )」と，数値をベクトルという形式で入力するコマンド「c( )」を使用しています。

　このように，Rを活用するにはさまざまなコマンドなどについて知る必要があります。普段からRを使い慣れているユーザーでないと利用が難しいことがおわかりになると思います。そこで，メニュー操作によってRを使うハードルを下げてくれるソフトがRコマンダーなのです。

　Rコマンダーは，Rをメニュー操作で使えるようにカナダ・マックマスター大学のジョン・フォックス（John Fox）が開発したグラフィカル・ユーザー・インターフェース（GUI）です。基本的な統計手法であれば，Rのコマンドや文法を知らないユーザーでもRを簡単に利用することができるようになりました。

▶ RとRコマンダーはユーザーにやさしい最強コンビ

RとRコマンダーの組み合わせが，Excelより便利なデータ解析の道具であることを，データの視覚化を例にとってみてみましょう。

毎日の気象データから，大気中のオゾン濃度に対して日射量，気温，風速がどのような影響を与えているかを知りたいとします。測定データ（図1.2は153日のデータの一部）をいくら眺めても変数間の関係を正確に読み取ることは至難の業です。

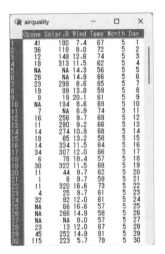

図1.2　大気測定データの一部

データから情報をとらえるには，ヒストグラムや散布図などのグラフによるデータの視覚化が役に立ちます。また，視覚化はプレゼンテーションにも最適です。ここでR

とExcelのグラフ描画について比べてみましょう。

まず4変数の分布をみるヒストグラムを描いてみます。Rコマンダーによって図1.3に示す4つのヒストグラムを描いてみましたが，1分とかかりません。Excelでヒストグラムを描いた経験がある読者はおわかりでしょうが，Excelではこのように簡単にいきません。

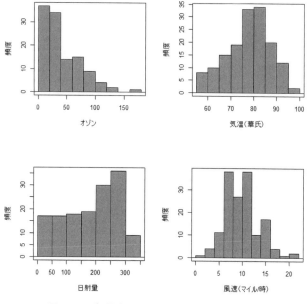

図1.3 オゾン濃度，日射量，気温，風速のヒストグラム

つぎに，変数間の関係をみるためによく用いられる散布図を並べた散布図行列というグラフを，Rコマンダーで描いてみます（図1.4）。

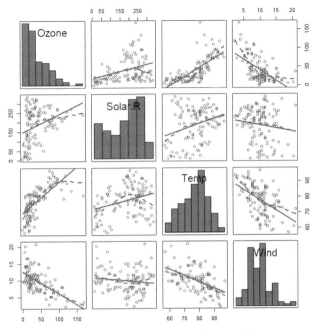

図1.4　オゾン濃度, 日射量, 気温, 風速の散布図行列

　散布図に, 2変数間の関係性がとらえやすいように, データに当てはまる直線と曲線を引きました。このようなグラフをExcelですぐに描ける人はほとんどいないでしょう。Rコマンダーを使えば1分も要しません。

　Rコマンダーを使えば, 3次元散布図という3変数間の関係をみるための散布図も簡単に描けます。図1.5にオゾン濃度, 気温, 風速の3次元散布図を示します。3変数の関係がよくみえるように3次元散布図を回転させて, いろいろな方向から眺めることができます。図1.6は図1.5を回

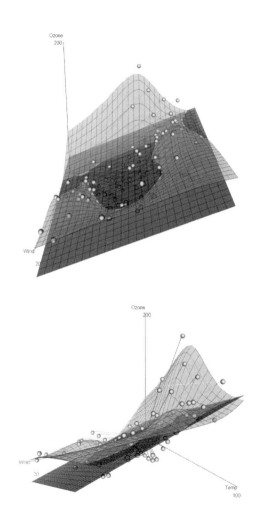

図1.5（上），図1.6（下）オゾン濃度，気温，風速の3次元散布図

転させて別の角度からみたグラフです。

　データの視覚化におけるRとRコマンダーのExcelに対する優位性をみてきましたが，統計の計算でも同様です。変数間の関係を記述する数学モデルを求めるとき，データの解析結果の妥当性について検討するためのさまざまな情報を与えてくれることは，統計ソフトならではの使い勝手の良さです。このように本格的なデータ解析にはRとRコマンダーのような統計ソフトが必須といえます。

　しかも，マークダウンと呼ばれるレポート機能によって，図1.7のようにデータ解析の履歴を記録してくれます。

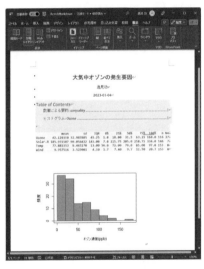

図1.7　データ解析の履歴（Word形式の出力）
Word, HTMLなどのさまざまな形式で出力できる
（286ページ付録1参照）

この機能のお陰で，データ解析そのものに専念できます。

　以上のように，RとRコマンダーはデータ解析の初心者にやさしい最強のコンビなのです。

　RコマンダーのGUIを利用するパッケージ（プラグイン・パッケージ）も順次開発されています。たとえば，ある現象が発生するまでの時間（故障が発生するまでの時間，病気からの回復にかかる時間，死亡するまでの時間など）を分析する「生存時間分析」のためのパッケージRcmdrPlugin.survivalをインストールすれば，生存時間分析がRコマンダーのメニュー操作で可能となります。

　このようにRコマンダーで使える統計手法は増えて，ますます充実したツールになっています。

コラム

Rの前身S

　ベル研究所の統計学者ジョン・ワイルダー・テューキー（J. W. Tukey）は1977年に探索的データ解析という概念を提唱しました。これは，データ解析のはじめの段階では，先入観なく虚心坦懐にデータを眺める，あるいはデータ自らに語らせてよく聴くことが重要であり，この過程を経て適する統計手法を駆使して，データから情報を取り出していくというものです。いわばデータと対話しながら解析を進めるので，対話の手段が大切です。

　このような解析を実現するために，ジョン・チェンバーズ（John Chambers）に率いられたベル研究所を中心に探索的データ解析のいろいろなツールが開発されました。

そのひとつとしてツール開発に使うプログラミング言語S
が生み出され，開発環境も含めてSと呼ばれました。

Rの誕生

1995年にSから派生したフリー版としてオークランド
大学のロス・イハカとロバート・ジェントルマンによって
開発されたRが公開されました。RはまったくSと同じ
ということではありませんが，ほとんどのS言語はR言
語でそのまま通用します。

1997年にR Project for Statistical Computing（統計
計算のための「R」プロジェクト https://www.r-project.
org/）が結成され，著作権はオーストリアのウィーンに
本拠を置く非営利団体のR Foundation（R基金）が有す
る形で，フリーソフトウェアとして誰でも無料で利用でき
るようになりました。その後，2005年にリリースされた
Rのバージョン2.1からは日本語に対応しています。

多数のユーザーから提供されたRの機能を拡張するパッ
ケージ（Rに組み込んで使うプログラムや関数）が，
CRAN（Comprehensive R Archive Network）のサイト
（https://cran.r-project.org/）で公開されています。この
サイトから，Rのインストーラのほか，Rのツールやいろ
いろな統計手法を利用できるようにするためのパッケー
ジを入手することができます。本書で紹介するRコマン
ダーもパッケージのひとつです。

Rコマンダーの登場

カナダ・マックマスター大学のジョン・フォックスは，

大学における統計学教育に役立てるために，Rをメニュー操作で使えるようなGUIを導入したR Commander 0.8-2版を2003年にCRANで公開しました。R CommanderはRのパッケージであり，Rに組み込むことにより，基本的な統計手法ならば，メニューから選んで，Rのコマンドや文法を知らなくても容易に利用することができるようになりました。

　R Commanderはバージョンアップによる機能強化を重ね，教育目的を超えた実務目的に利用可能な統計ソフトへと発展しました。2023年3月時点における最新バージョンは、2022年8月に公開された2.8-0です。

第2章

Rを使うための準備

この章では，Microsoft Windows用のRとRコマンダーをインストールする方法について説明します。RにはWindows版のほかに，macOS版，LinuxなどのUnix版がありますが，インストールの詳しい手順についてはR関連のウェブサイト等を参照してください。

2.1 Rのインストール

▶ Rのインストーラのダウンロード

つぎの手順で，RのインストーラをCRANのサイトからダウンロードします。

手順1 CRAN の ホ ー ム ペ ー ジ「https://cran.r-project.org/」にアクセスして，「Download R for Windows」を選択します（図2.1）。

手順2 「Download R for Windows」のサイトで「base」を選択します。

手順3 R の最新版のインストーラをダウンロードします（図2.2）。

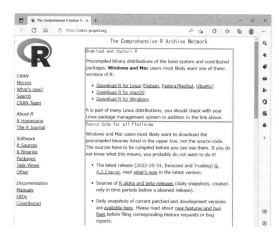

図2.1　CRANのホームページ

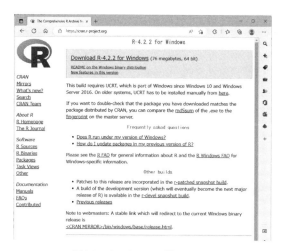

図2.2　インストーラのダウンロード

▶ Rのインストールの手順

　RをCドライブにインストールする場合について説明します。

手順1 ▶ Rのインストーラを起動します。

手順2 ▶ インストーラの指示に従って，デフォルトの設定でRのインストール作業を行います。ただし，インストール先を変更したい場合，「インストール先の指定」ウィンドウでインストール先を指定します（図2.3）。

手順3 ▶ 「コンポーネントの選択」ウィンドウにおいて，日本語を使えるようにするため，必ず「Message translations」にチェックが付いていることを確認してください（図2.4）。

手順4 ▶ 「起動時オプション」で「はい（カスタマイズする）」を選択します（図2.5）。

手順5 ▶ 「表示モード」で「SDI（複数のウィンドウを使用して表示）」を選択します（図2.6）。

手順6 ▶ 「ヘルプの表示方法」の選択と「スタートメニューフォルダーの指定」はデフォルトのままで構いません。「追加タスクの選択」もデフォルトのままつぎへ進みます（図2.7）。

手順7 ▶ Rのインストーラで終了のウィンドウが現れたら，「完了」ボタンをクリックします。デスクトップにRのアイコンが確認できます。

図2.3　インストール先の指定

図2.4　コンポーネントの選択

図2.5　起動時オプションの設定

図2.6　表示モードの選択

図2.7　追加タスクの選択

2.2　Rコマンダーのインストール

RコマンダーのRcmdrパッケージをつぎの手順でインストールしてください。

手順1 Rを起動します。「R Console」ウィンドウが現れます（図2.8）。

手順2 R Console のメニューから「パッケージ」→「パッケージのインストール」を実行します。Rコマンダーをダウンロードする CRAN のミラーサイトを指定するウィンドウが現れます。ミラーサイトのリストから「0-Cloud[https]」または「Japan(Tokyo)[https]」を選択して，OK ボタンをクリックします。

手順3 パッケージのリストからRコマンダーのパッケージ「Rcmdr」を指定して，OK ボタンをクリックします。「Rcmdr」のインストールが終了したらつぎの手順に進みます。

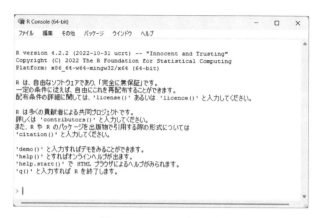

図2.8　R Console ウィンドウ

手順4 R Console のメニューから「パッケージ」→「パッケージの読み込み」を実行します。現れたインストール済みパッケージリストから「Rcmdr」を指定して，OK ボタンをクリックします。Rcmdr のほかに必要なパッケージもあわせてインストールされます。パッケージのインストール進行中にメッセージがつぎつぎと表示されます。インストールの確認を求められたときは，デフォルトの設定のまま許可を与えてください。無事にインストールが完了すると，「R コマンダー」ウィンドウ（図2.9）が現れます。もしパッケージが存在しないというエラーメッセージが出て R コマンダーが起動しない場合は，そのインストールできなかったパッケージを R Console で「パッケージ」→「パッケージのインストール」によりインストールしてください。

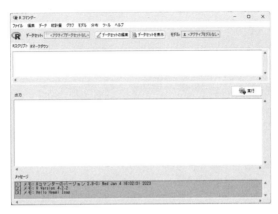

図2.9 Rコマンダーウィンドウの初期画面

▶ インストールが完了したら

さあ、これでRコマンダーの準備ができました。早速R
コマンダーを使ってみましょう。

いまはインストール作業だけで終了するというときは、
Rコマンダーのメニューから「ファイル」→「終了」→「コマ
ンダーとRを」を実行してください。ここでいくつかファ
イルを保存するか否かをきいてきますが、いずれも保存せ
ずに終了してください。

第 **3** 章

Rコマンダーを
使ってみよう

本章ではRコマンダーの基本操作として，Rコマンダーの起動からはじめて，実際にパッケージに付属するデータを利用してグラフを表示するところまでやってみます。

3.1 Rコマンダーの起動

まずRのアイコンをダブルクリックして，Rを起動します。

ついでRコマンダーを起動するために，Rcmdrパッケージを読み込みます。R Console のメニューから「パッケージ」→「パッケージの読み込み」を実行します。インストール済みのパッケージリストが現れるので，「Rcmdr」を選択して，OKボタンをクリックします（図3.1）。必要とするパッケージが読み込まれて，「Rコマンダー」ウィンドウ（図3.2）が現れます。

「Rコマンダー」ウィンドウには，上部にメニューと4つのボタン，中部に「Rスクリプト」タブと「Rマークダウン」タブで切り替わる部分，下部に両者共通の「出力」ウィンドウと「メッセージ」ウィンドウが配置されています。

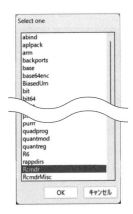

図3.1　インストール済みのパッケージリスト

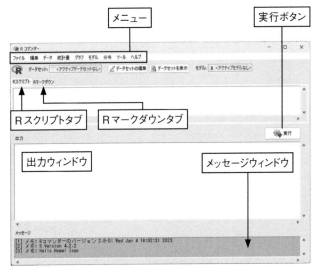

図3.2　Rコマンダーウィンドウ

3.2　Rスクリプトでのコマンドによる操作

第1章において，R Console でのコマンドによる操作を簡単な例でみました。ここでは球の体積の計算例および平均の計算例を用いて，「Rスクリプト」ウィンドウでコマンドを実行する方法を紹介します。

半径が4.8の球の体積を求めてみます。球の体積の公式は「$4/3 \times \pi \times$ 半径^3」です。コマンドとして「Rスクリプト」ウィンドウに体積を求める計算式

4/3*pi*4.8^3

を入力します。ここで式はExcelと同じように，すべて半角で入力します。また，掛け算の記号「×」は「*」，「3乗」は「^3」とするのも，Excelと同じです。ただし，「pi」は円周率を表すRでの定まった表現です。

つぎに実行ボタンをクリックすると，「出力」ウィンドウに計算結果「463.2467」が出力されます（図3.3）。

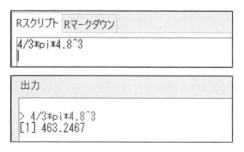

図3.3　コマンドの入力と出力

実行ボタンによってコマンドを実行する際の留意点が2
つあります。①実行ボタンをクリックすると，カーソルが
置かれた行のコマンドすべてが実行されます。②実行した
いコマンド（1つでも複数でもよい）が2行以上にわたる場
合は，ドラッグによりコマンドを指定しておきます。

　もう少しRらしい機能を利用して，異なる半径4.8, 5.2, 6,
8をもつ4つの球の体積を同時に計算してみましょう。ま
ず4つの半径をまとめて文字「r」に代入します。「Rスクリ
プト」ウィンドウの先ほど入力した行の下に

$$r <- c(4.8, 5.2, 6, 8)$$

と入力します。不等号と負号を組み合わせた「<-」は，そ
の左辺の変数に右辺で記述された値を代入する記号です。
また「c( )」は括弧内に列挙した要素をひとまとめに表す関
数です。実行ボタンをクリックしてコマンドを実行しま
す。rが4つの値からなっていることを確認するために，
「Rスクリプト」ウィンドウの3行目に「r」と入力して実行
ボタンをクリックしてみましょう。

　つぎに，入力する労力を省くために，先ほど入力した1
行目の式中の半径4.8をrに置き換えて，半径rの球の体積
を求めた結果を変数vに代入する式

$$4/3*pi*r^3 -> v$$

に直します。ただし，記号「->」は記号「<-」と代入する方
向が逆向きで，左辺の結果を右辺に代入します。実行ボタ
ンをクリックすると，4つの球に対応する体積が計算さ
れ，「v」に代入されます。さらに，「Rスクリプト」ウィン

ドウの4行目に「v」を入力して，実行ボタンをクリックするとvの内容

　463.2467　588.9774　904.7787　2144.6606

が「出力」ウィンドウに表示され，体積の計算結果が代入されていることが確認できます（図3.4）。

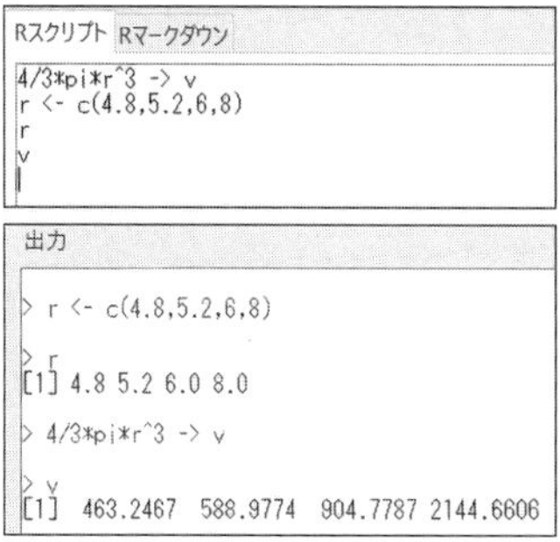

```
Rスクリプト Rマークダウン

4/3*pi*r^3 -> v
r <- c(4.8,5.2,6,8)
r
v
```

```
出力

> r <- c(4.8,5.2,6,8)
> r
[1] 4.8 5.2 6.0 8.0
> 4/3*pi*r^3 -> v
> v
[1]  463.2467  588.9774  904.7787 2144.6606
```

図3.4　球の体積の計算

　統計の計算にはさまざまな関数が使われます。たとえば，関数「mean( )」は括弧の中にある数値を平均するコマンドです。ここでは，例として平均の関数を使って，4つの球について半径の平均と体積の平均を求めてみましょう。

　いま4つの半径と体積の値はそれぞれ「r」と「v」に代入されています。したがって，半径の平均は「mean(r)」を入力して実行ボタンをクリックして，さらに体積の平均は「mean(v)」を入力して実行ボタンをクリックすれば，それぞれの計算結果「6」と「1025.416」が「出力」ウィンドウに表示されます。主な演算子および数学関数を290ペー

ジ付録2と291ページ付録3にまとめますので，必要なときに参照してください。

3.3 パッケージ付属データの利用

Rには標準的な統計手法のほかに，さまざまな統計手法などがパッケージによって追加できるようになっています。そのほかデータがパッケージに付属していて，手法の適用法を学ぶことができます。ここでは，付属データを読み込んで，Rコマンダーでグラフを描いてみましょう。

Rコマンダーのメニューから，「データ」→「パッケージ内のデータ」→「パッケージ内のデータセットの表示」を選ぶと，現在利用可能なパッケージに付属するデータセットの一覧を示すウィンドウが現れます（図3.5）。

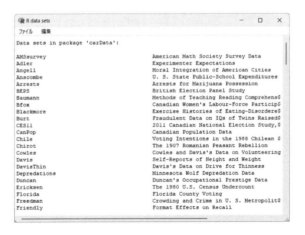

図3.5　パッケージに付属するデータセットの一覧

　ここではRのパッケージ「datasets」に付属するデータセット「airquality」を読み込むことにしましょう。データを読み込む手順はつぎのとおりです。

手順1 Rコマンダーのメニューから「データ」→「パッケージ内のデータ」→「アタッチされたパッケージからデータセットを読み込む」を選びます。読み込むパッケージとデータセットを選択するための「パッケージからデータを読み込む」ウィンドウが現れます。

手順2 「パッケージ（ダブルクリックして選択）」の枠に表示されたパッケージのリストから「datasets」をダブルクリックして選択します。「データセット（ダブルクリックして選択）」の枠に「datasets」に含まれるデータセットの一覧が現れます。

手順3 読み込みたいデータセット「airquality」をダブルクリックして選択します（図3.6）。「選択されたデータセットに対するヘルプ」ボタンをクリックすると，データセット airquality の説明が現れます（ただ

図3.6　データセットの選択

し説明は英語で書かれています)。データは，ニューヨークの1973年の5月1日から9月30日における大気を測定したデータで，変数はオゾン濃度，日射量，気温，風速，月，日です。

手順4 OK ボタンをクリックします。データセットが読み込まれて，「R コマンダー」ウィンドウは図3.7のようになります。「R スクリプト」ウィンドウには以上の手順を実行したコマンドが，「出力」ウィンドウにはそのエコーが，「メッセージ」ウィンドウにはデータセットの大きさが出力されています。また，メニューの2行目にある「データセット」の右にあるボタンには，読み込まれている(=アクティブな)データセットとして「airquality」が示されています。

図3.7　データセットの読み込み結果

手順5「Rコマンダー」ウィンドウの「データセットを表示」ボタンをクリックすると，読み込んだデータを閲覧できます。このデータセットは6変数153ケースからなることが確認できます（図3.8）。

Ⓡ airquality				—	☐	✕

	Ozone	Solar.R	Wind	Temp	Month	Day
1	41	190	7.4	67	5	1
2	36	118	8.0	72	5	2
3	12	149	12.6	74	5	3
4	18	313	11.5	62	5	4
5	NA	NA	14.3	56	5	5
6	28	NA	14.9	66	5	6
7	23	299	8.6	65	5	7
8	19	99	13.8	59	5	8
9	8	19	20.1	61	5	9
10	NA	194	8.6	69	5	10
11	7	NA	6.9	74	5	11
12	16	256	9.7	69	5	12
13	11	290	9.2	66	5	13
14	14	274	10.9	68	5	14

図3.8　データセットの表示

つぎに，オゾン濃度と気温の間の関係を表す散布図を描いてみます。

手順1　Rコマンダーのメニューから，「グラフ」→「散布図」を選択します。「散布図」ウィンドウが現れます。

手順2「データ」タブにおいて，「x変数（1つ選択）」の枠から気温「Temp」を選択します。「y変数（1つ選択）」の枠からオゾン濃度「Ozone」を選択します（図3.9）。

図3.9　変数の選択

手順3 OK ボタンをクリックすると，散布図が出力され
ます（図3.10）。

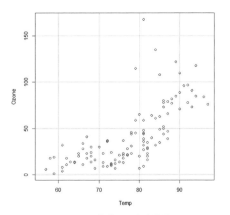

図3.10　散布図の出力結果

　散布図をみると，気温が華氏75度まではオゾン発生量は
少なく，気温が上がってもわずかな増加ですが，75度以上
では気温が上がるとオゾン発生は多くなるとともに変動も
大きくなる傾向が読み取れます。

|| | **3.4　グラフの保存** | |||

　描いたグラフは，画像ファイルとして保存できます。画像ファイルの形式は「Metafile」「Postscript」「PDF」「Png」「Bmp」「TIFF」「Jpeg」の7種類です。グラフの画像ファイルを保存する方法はつぎのとおりです。

手順1 ▶ グラフが描かれている「R Graphics」ウィンドウのメニューから，「ファイル」→「別名で保存」を選択して現れるサブメニューから画像ファイルの形式を指定します。「Jpeg」形式の場合は，さらに画像の品質を指定します。

手順2 ▶ 現れたウィンドウにおいて，通常のファイルに「名前を付けて保存」するのと同様に，画像ファイルを保存します。

|| | **3.5　グラフの応用ソフトへの貼り付け** | |||

　保存したグラフはWordやPowerpointなどの文書に直接貼り付けることができるので便利です。手順はつぎのとおりです。

手順1 ▶ グラフが描かれている「R Graphics」ウィンドウのメニューから，「ファイル」→「クリップボードにコピー」を選択して現れるサブメニューから「ビットマップとして」または「メタファイルとして」を指定します。

手順2 応用ソフトの文書におけるグラフを貼り付けたい
箇所をマウスで指定します。

手順3 応用ソフトで貼り付け（ペースト）の指示をする
と，グラフが貼り付けられます。

3.6　RとRコマンダーの終了

　RとRコマンダーを終了するには，「Rコマンダー」ウィ
ンドウのメニューから「ファイル」→「終了」→「コマンダ
ーとRを」を選びます（Rコマンダーだけ終了させて，R本
体は続行したいときは「ファイル」→「終了」→「コマンダ
ーを」を選びます）。確認のウィンドウでOKをクリックす
ると，スクリプトファイルを保存するかきいてきます。
「Rスクリプト」ウィンドウに表示されているコマンドを
保存する場合，「Yes」をクリックして，通常のファイルを
保存する手続きを実行します。ファイルの拡張子は「.R」で
す。

　つぎにRマークダウンファイルを保存するかきいてきま
す。Rマークダウンファイルとは，解析結果のレポート作
成を支援するためのファイルです（286ページ付録1参
照）。ここでも，保存する場合は「Yes」をクリックして，通
常のファイルを保存する手続きを実行します。ファイルの
拡張子は「.Rmd」です。

　つぎに出力ファイルを保存するかきいてきます。ここで
も，「出力」ウィンドウに表示されている内容を保存する場
合は「Yes」をクリックして，通常のファイルを保存する手
続きを実行します。ファイルの拡張子は「.txt」です。

　Rコマンダーのみを終了させた後に，あらためてR Consoleを終了するとき，作業スペースを保存するかきいてきます。作業スペースとは，一連の作業で得られた変数の値や解析結果の情報です（詳しくは第13章を参照）。保存したい場合は，「Yes」をクリックした後，前節のグラフと同じように作業スペースを保存します。

　ただいまの段階では，この先を読み進める上で保存すべきデータや内容はありませんので，いずれのファイルも保存する必要はありません。

第II部
実践編

第**4**章
データ解析を始める前に

本章では，第Ⅱ部と第Ⅲ部で使用するデータの説明とデータ解析の流れを述べます。

第Ⅱ部と第Ⅲ部では，本書の特設サイト（https://blue backs.kodansha.co.jp/books/9784065318164/ appendix/）からダウンロードしたデータを用いて，標準的なデータ解析の手法を学んでいきます。

特設サイトからは，Excelファイルと R ワークスペースファイルおよびテキストファイルがダウンロードできます。もともとのデータはExcelファイルとテキストファイルにある 7 変数ですが，R ワークスペースファイルには変数を変換したりカテゴリー化して作った変数も加わっています。第Ⅱ部で主に使用するのは，R ワークスペースファイルです。

4.1　使用するデータの内容

ファイルに含まれるデータは，外来患者の心理的ストレスに関する実際の研究から得られたものです。このデータを用いて，外来患者の「心理的ストレス反応」（不安や抑うつなど）が，どのような原因によって引き起こされるのか，

あるいは患者が医師の指示を守らない「ノンコンプライアンス行動」の要因について統計的に検討していきます。

　調査対象は，15歳以上の一般外来（精神科および心療内科を除く）患者集団から無作為抽出された337名です。

　本書では，心理的ストレス反応とノンコンプライアンス行動の要因として考えられた変数を加えた7変数（性別，年齢，ストレッサー得点，日常苛立ちごと，健康統制感，ストレス反応得点，ノンコンプライアンス行動数）のデータを使います。

　ただし，例示したデータは外来患者の心理的ストレス過程について研究したデータから抽出した後に，さらに変数を制限して改変したものであり，解析結果は学術的には意味をもたないことに注意してください。

変数の説明

性別　男女の2カテゴリーからなる変数です。Excel ファイルでは，性別を数値コード{1＝男，2＝女}で表しています。R ワークスペースファイルでは，性別を{男，女}で示しています。

年齢　調査時における年齢を表す数値変数です。R ワークスペースファイルでは，つぎのように年齢を4カテゴリーに分類した変数と3カテゴリーに分類した変数が付け加わります。

　年齢区分　「年齢」を4カテゴリー{青年＝(15 − 24歳)，壮年＝(25 − 44歳)，中年＝(45 − 64歳)，高年＝(65歳以上)}に分類した変数です。

　年齢コード　「年齢区分」と同様に，年齢を4カテゴ

リー｛1 =（15 − 24 歳），2 =（25 − 44 歳），3 =（45 − 64 歳），4 =（65 歳以上）｝に分類して数値コードで表した変数です。

年齢コード3 年齢を3カテゴリー｛1 =（15 − 44 歳），2 =（45 − 64 歳），3 =（65 歳以上）｝に分類して数値コードで表した変数です。

ストレッサー得点 外来患者が医療機関において受けた心理的ストレスの要因の大きさを表す数値変数です（0 〜 69 点）。外来患者用ストレッサースケールの質問で測定します。具体的には「自覚症状は悪いのに，医師に軽くあしらわれることがありましたか」「医師の説明がよくわからないところがありましたか」など 23 項目の経験の有無と，経験があった場合に受けた強さを 4 段階で回答する質問からなります。

日常苛立ちごと 日常生活で生じる些細で不快な苛立ちごとを表す数値変数です（0 〜 34 点）。34 項目のうち経験した項目数により測定する日常苛立ちごと尺度を用いました。3 点以上は日常苛立ちごとが多いと判定されます。R ワークスペースでは，「日常苛立ちごと」を 4 カテゴリー｛0 = 0 点，1 = 1 − 2 点，3 = 3 − 5 点，6 = 6 点以上｝に分類して数値コードで表した変数「**日常苛立ち**」が付け加わります。

健康統制感 病気や健康に関する信念を表す数値変数です（25 〜 125 点）。日本版主観的健康統制感尺度によって測定されるもので，点数が大きいほど信念が強いことを表します。たとえば，「病気がどのくらい良くなるかは，時の運だ」などの項目について，どの

程度の信念を持っているかを 6 段階で質問します。

ストレス反応得点　心理的ストレス反応と考えられる，うつ，不安，怒り，自信喪失，無気力，絶望感，ひきこもり，依存，対人不信，思考力低下，侵入的思考の大きさを表す数値変数です（0 〜 200 点）。心理的ストレス反応尺度 50 項目版を用いて測定しました。R ワークスペースには，「ストレス反応得点」を平方根変換した数値変数「**ストレス反応**」も含まれます。

ノンコンプライアンス行動数　ノンコンプライアンス行動は，医師の指示を守らない行動のうち「医師の指示通りに処方薬を服用しなかった」「服用量や回数を減らした」「医師に制限や禁止されたことをした」「医師の指示通りに通院しなかった」「医師の指示なく他院を受診した」の経験を表す数値変数です（0 〜 5 点）。R ワークスペースファイルでは，「ノンコンプライアンス行動数」をノンコンプライアンス行動の {なし＝ 0 点，あり＝ 1 − 5 点} により 2 カテゴリーに分類した変数「**ノンコンプライアンス**」が付け加わります。

　本書において，変数名と値は Windows 版データファイル用の表記に従っています。Mac 版データファイルでの表記は，2 バイト文字に起因するエラーを回避するために 1 バイト文字のみを用いており，Windows 版とは異なります。個々の変数については，309 ページ付録 5 をご覧ください。

4.2 変数の種類

　変数の種類によって，利用する統計手法が異なりますので，自分が扱う変数の種類を確認する必要があります。変数はとる値が数値か非数値かによって，つぎのように2種類あります。

数値をとる場合　年齢のように数値で表される変数を，数値変数あるいは量的変数といいます。Rコマンダーでは主に数値変数と呼びます。さらに，値が身長のような実数をとる連続型と，回数のような離散値をとる離散型に分けられます。

非数値をとる場合　性別や血液型のように分類のカテゴリーを表す変数を，非数値変数，質的変数，カテゴリカル変数，因子などと呼びます。Rコマンダーでは因子と質的変数という呼び方が用いられます。またカテゴリーを水準と呼びます。カテゴリー間の順序関係を考える場合もあります。

　数値変数をいくつかの値で区分することによりカテゴリー化して，因子に変換することがあります。たとえば，数値変数「年齢」を4水準からなる因子「年齢区分」に変換しました。

　データの種類は変数の種類に準じて，数値変数の測定値を「数値データ」「量的データ」，非数値変数の測定値を「質的データ」「カテゴリカルデータ」のように呼びます。

4.3　データ解析の流れ

　ある変数と，その要因となる変数の間の関係を対象とする解析の流れは，

① 1変数のデータについて要約統計量，視覚化による分布の特徴把握
② 2変数の相関・関連について指標，視覚化による把握
③ 2つ以上の変数間の関係を表すモデル構築

の3段階からなります。

　第1段階で，各変数の分布の性質に応じて，必要ならば数値変数の変換やカテゴリー化，因子の再カテゴリー化などをします。あわせて，外れ値（ほかのデータより極端に大きな値または小さな値）の有無を調べます。

　第2段階で，変数間の相関や関連について調べます。今回のデータ解析においては，とくにストレス反応やノンコンプライアンス行動とほかの5変数との相関や関連を検討することによって，要因を絞ります。

　第3段階で，要因の影響の大きさを推測するために回帰分析を適用して，現象を記述するモデルを求めます。現象の結果を表す変数を目的変数，要因を表す変数を説明変数と呼びます。

　回帰分析とは，一般に目的変数と説明変数の関係を表す数式を求める手法です。ストレス反応を対象とする目的変数が数値変数の場合，要因を説明変数とする重回帰分析を行います。また，ノンコンプライアンス行動の生起を対象

とする目的変数が2カテゴリーの因子の場合，要因を説明変数とするロジスティック回帰分析を行います。

　それでは次章から，データ解析を始めましょう。

第5章

データの特徴を探る
―1次元データの記述統計 ―

> この章からは，実際のデータを使って解析の手法を紹介
> していきます。変数間の関係についての本格的なデータ解
> 析を実行する前に，変数ひとつずつについて分布の特徴を
> とらえることからデータ解析が始まります。

　データから分布の特徴を探る手段には，グラフを描いて
視覚的に把握する方法と，平均や標準偏差などの要約統計
量を計算して数値で把握する方法があります。形状をつか
むにはグラフが優れる一方，要約統計量は分布の位置や散
らばりなどの性質を客観的に記述するのに優れています。

　量的変数（数値変数）が質的変数（非数値変数，因子）の
影響を受けているか否かについて検討したいとします。た
とえば，「ストレス反応得点」の分布への「性別」による影
響を調べたい場合です。この場合，ある数値変数の分布が
因子水準（「男」か「女」か）によって異なるかどうかを比較
する必要があります。因子水準に従ってデータをグループ
に分けることを，層別あるいは層化といいます。層別のグ
ラフは，分布の比較にきわめて有用な方法です。

　また，数値データの解析においては，データが正規分布

に従っていることを前提にした統計手法(これを「パラメトリックな手法」と呼びます)がよく利用されます。したがって, データが正規分布に従っているか否かを検討しておく必要があります。

正規分布とは, 図5.1に示したような平均を対称軸とする左右対称な釣り鐘の形をした分布です。歴史的には, 数学者のガウスが天文観測の測定誤差についてこの分布を仮定して誤差理論を展開したので, ガウス分布とも呼ばれます。

初めに正規分布 (normal distribution) と呼んだのは統計学者のフランシス・ゴルトンらですが, 通常の分布くらいを意味するように, 正規分布に従うとみなされる例は多く

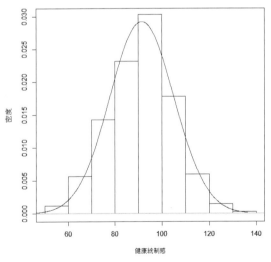

図5.1 健康統制感のヒストグラムと正規分布を表す曲線を重ねて表示

あります。たとえば，製品の規格値からのずれ，身長や健康統制感があげられます。

また，正規分布を前提とするパラメトリックな手法は，他の観測値から大きく外れた値をとる「外れ値」の影響を受けやすいので，外れ値を発見して，その取り扱いを考慮することが大切です。外れ値がある場合，つぎのように対処していきます。

まず，外れ値が測定の誤りに起因する場合，測定をやり直すか，再測定できなければ削除します。他方，外れ値が測定の誤りによるものでないとき，外れ値を削除したときとしないときの解析結果を比較して，外れ値の影響を検討することがあります（「感度分析」と呼ばれる手法です）。

また，データが外れ値を生じやすい分布に従っているとして，特定の分布を前提としないノンパラメトリックな統計手法を用いたり，データを近似的に正規分布とみなせるように変換してからパラメトリックな手法を適用するのも有効です。

それでは，Rコマンダーで，量的変数と質的変数の分布を調べるために，グラフを描いたり要約統計量を求めたりする方法をみていきましょう。

これから用いるデータファイル（作業スペース）を，つぎの手順で読み込んで準備します。

手順1 ▶ R Console メニューから「ファイル」→「作業スペースの読み込み」を選びます。「ロードする image の選択」ウィンドウが現れます。

手順2 通常のファイルを読み込む要領で，作業スペース
のファイルを指定して「開く」ボタンをクリックし
て，ファイルを開きます。ここでは，特設サイトか
らダウンロードした「外来患者ストレス.RData」を
選びます。

手順3 Rコマンダーのメニュー2行目にある「データセッ
ト」の右のボタンをクリックします。

手順4 現れた「データセットの選択」ウィンドウで，
PatientStress を選びます。

5.1　量的変数のグラフ表現

▶ 5.1.1　インデックスプロット

インデックスプロットとは，各ケースのインデックス
（たとえば，患者ごとに振られた番号）を横軸に，その観測
値を縦軸にとって，プロットしたグラフです。データを全
体的に視察して，分布の特徴をおおまかにとらえるととも
に，外れ値を発見するのに役立ちます。また，ケースの並
び方に傾向があるか否かについてみます。

ここでは，「ストレス反応得点」のインデックスプロット
を描いてみましょう。

手順1 Rコマンダーのメニューから「グラフ」→「イン
デックスプロット」を選ぶと，「インデックスプロッ
ト」ウィンドウが現れます。

手順2 「データ」タブで「変数（1つ以上選択）」の枠から

プロットする変数を選択します。ここでは「ストレ
ス反応得点」を選択します（図5.2）。ある因子（質的
変数）によってデータの因子水準を識別できるよう
に色を変えてマークしたい場合は，「グループ別に
マーク...」ボタンをクリックします。現れた「質的
変数」ウィンドウでグループ別に使用する変数（た
とえば「性別」）を選択します（図5.3）。ここではグ
ループ別にマークしないことにして，手順3に進み
ます。

手順3 タブを「オプション」に切り替えます。「プロット
のスタイル」について「スパイク」と「点」から選択
します。ここでは「スパイク」を選択しておきます
（図5.4）。

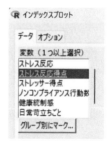

図5.2（左上），図5.3（左下），図5.4（右）
インデックスプロットの設定

手順4 ▶ 「点を特定」の選択において，インデックスプロット上でマウスによって選択した観測値を識別できるようにしたいとき，「自動的に」または「マウスでインターラクティブに」を選びます。「自動的に」を選択すると，著しく大きい値と小さな値のデータに観測値番号がインデックスプロット上に表示されます。表示される個数は「確認する点の数」で設定します。「マウスでインターラクティブに」を選択すると，インデックスプロット上でデータ番号を表示させたいデータをマウスで指定して表示させます。観測値を特定しないときは，「確認しない」を選択します。ここでは，「自動的に」と，「確認する点の数」を2に設定しましょう。

手順5 ▶ 必要ならば，図5.4のようにグラフ縦軸のラベルとタイトルを入力欄にタイプします。ここでは，デフォルトのままで構いません。

手順6 ▶ OKボタンをクリックすると，インデックスプロットが画面に表示されます。

　図5.5が「スパイク」を指定した場合，図5.6が「点」を指定した場合のインデックスプロットです。ストレス反応得点が高いケース番号13と310の2ケースが確認されます。とくにケースの並び方に傾向はないようです。

　なお，「点を特定」を「マウスでインターラクティブに」に設定した場合，グラフを印刷したり保存するためにはインデックスプロットのウィンドウのメニューにある「停止」から「locatorを停止」を実行する必要があります。

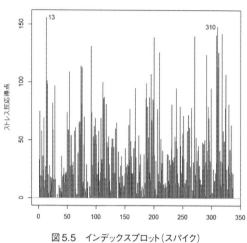

図5.5　インデックスプロット（スパイク）

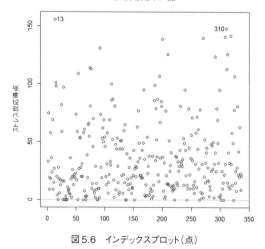

図5.6　インデックスプロット（点）

▶ 5.1.2 ドットプロット

ドットプロットは，横軸の変数の該当する値の位置にデータの個数分ドットを上に積み上げて分布をみるためのグラフです。因子の水準別にドットプロットを描くことによって，水準間の分布を比較できます。

例として，性別で層別した健康統制感のドットプロットを描きましょう。

手順1 ▶ R コマンダーのメニューから「グラフ」→「ドットプロット」を選ぶと，「ドットプロット」ウィンドウが現れます。

手順2 ▶ 「データ」タブにある「変数（1つ選択）」の枠で，プロットする変数を選択します。ここでは「健康統制感」を選択します（図 5.7）。さらに，「層別のプロット...」ボタンをクリックして，現れた「質的変数」ウィンドウで層別に使用する変数を指定します。ここでは，「性別」で層別することにします（図 5.8）。

手順3 ▶ タブを「オプション」に切り替えます。区間の数を指定したい場合，「プロットのオプション」において「ビンの変数」のチェックボックスにチェックを付けて，区間の数を入力します。ここでは，デフォルト〈auto〉のままとします（図 5.9）。

手順4 ▶ 「x 軸のラベル」を必要に応じて入力します。

手順5 ▶ OK ボタンをクリックすると，ドットプロットが画面に表示されます。

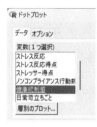 

図5.7（上左），図5.8（上右），図5.9（下）
ドットプロットの設定

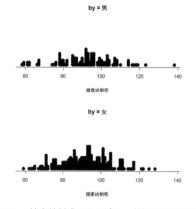

図5.10　健康統制感のドットプロット（性別による層別）

　図5.10をみると，健康統制感の分布に男女で差はほとんどないようです。

▶ 5.1.3 ドットチャート

ドットプロットと似たグラフにドットチャートがあります。分布の形状はドットチャートよりドットプロットの方がみやすいでしょう。

例として，年齢区分でグループ分けしたストレス反応得点のドットチャートを描きます。

手順1 ▶ R コマンダーのメニューから「グラフ」→「ドットチャート」を選ぶと，「ドットチャート」ウィンドウが現れます。

手順2 ▶ 「データ」のタブで，「因子（0個以上選択可）」の枠からグループ分けする変数(因子)を選択します。例として，「年齢区分」を選択します。

手順3 ▶ 「目的変数（1つ選択）」の枠から，プロットする量的変数を選択します。ここでは「ストレス反応得点」を選択します（図5.11）。

手順4 ▶ 「オプション」のタブに切り替えます。「重複値」の欄において，同じ値をとる観測値の度数がみえるようにプロットする場合は「積み重ねて」を選びます。観測値の重複値が多い場合に「少しずらして」を選ぶ方がよいことがあります。通常，分布の形がある程度みえる「積み重ねて」を選択した方がよいでしょう（図5.12）。

手順5 ▶ 適宜ラベルとタイトルを入力します。

手順6 ▶ OK ボタンをクリックすると，ドットチャートが出力されます。

図5.11（左），図5.12（右）　ドットチャートの設定

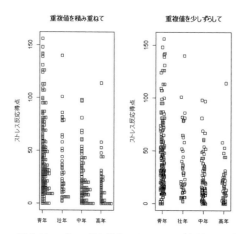

図5.13　ストレス反応得点のドットチャート（年齢区分別）

　ここでは，5.2.3項で紹介する複数のグラフを並べて描く機能を用いて，「重複値」の扱いを「積み重ねて」に設定したグラフと「少しずらして」に設定したグラフを並べて描いたものを示しました（図5.13）。「グラフのタイトル」はそれぞれ「重複値を積み重ねて」と「重複値を少しずらして」に設定しています。年齢とともにストレス反応得点が減少している傾向がみえます。

▶ 5.1.4 離散数値変数のプロット

　離散数値変数のプロットとは，整数のような離散値をとる変数の分布の特性をとらえるためのグラフです。横軸に変数の値をとり，縦軸に各観測値の数である「頻度」をとります。縦軸の尺度に，観測値の全数に対する各観測値数の割合「パーセント」を設定することもできます。

　このプロットはヒストグラムと似ていますが，ヒストグラムのように階級分けする必要がありません。ただし，観測値の範囲が広く，このプロットを利用できない場合には，離散数値を連続数値と同様に扱ってヒストグラムを描いてください。

　例として，ストレッサー得点の離散数値変数のプロットを性別に描いてみます。

手順1 ▶ Rコマンダーのメニューから「グラフ」→「離散数値変数のプロット」を選ぶと，「離散数値変数のプロット」が現れます。

手順2 ▶「データ」タブにある「変数（1つ選択）」の枠で，プロットする変数を選択します。ここでは「ストレッサー得点」を選択します（図5.14）。質的変数の水準別にプロットしたいときは，「層別のプロット...」ボタンをクリックして，現れた「質的変数」ウィンドウで層別に使用する変数を指定します。ここでは性別にプロットするので，「質的変数」ウィンドウで層別変数として「性別」を選択します（図5.15）。

手順3 ▶「オプション」タブに切り替えます。「プロットの

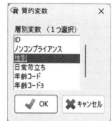

図5.14（上左），図5.15（上右），図5.16（下）　離散数値変数のプロットの設定

オプション」における「軸の尺度」で縦軸の表示に
「頻度」または「パーセント」を選択します。ここで
は「パーセント」を指定します。

手順4 「ラベルを表示」欄で，x軸とy軸のラベルおよび
グラフのタイトルを，デフォルトから適宜変更して
入力します（図5.16）。ここでは「y軸のラベル」の
欄に「パーセント」を入力しましょう。

手順5 OK ボタンをクリックすると，離散数値変数のプ
ロットが出力されます（図5.17）。

　図5.17をみると，ストレッサー得点の分布に男女差はあ
まりないようです。

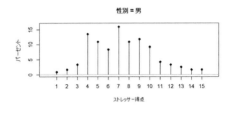

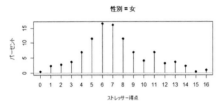

図5.17　ストレッサー得点の離散数値変数のプロット（性別）

▶ 5.1.5　ヒストグラム

　ヒストグラムは，観測値の数がある程度大きい場合，分布の形をつかむのにたいへん威力を発揮します。分布の形をみるには，階級の数をデータ数に応じて設定する必要があります。Ｒコマンダーのデフォルトの設定では，階級数はスタージェス（Sturges）の公式に基づき，階級の下限と上限の値が適当に設定されます。

　縦軸の尺度は「頻度」「パーセント」「密度」の３種類を設定できます。いずれも分布の形は同じですが，縦軸の値が異なります。「頻度」は階級に属する観測値の数です。「パーセント」は，階級に属する観測値の数の全体に対する割合（相対度数）を百分率で表したものです。「密度」は，階級に属する観測値が変数の１単位当たりに存在する割合で

す。「密度」の値は「パーセント」の値を階級の幅で割った
ものになります。階級の幅が異なる設定の場合，縦軸の尺
度は「密度」になります。

　例として，ストレス反応得点のヒストグラムを描いてみ
ましょう。

手順1 ▶ R コマンダーのメニューから「グラフ」→「ヒスト
　　　　グラム」を選ぶと，「ヒストグラム」ウィンドウが現
　　　　れます。

手順2 ▶「データ」タブにある「変数（1つ選択）」の枠で，
　　　　プロットする変数を選択します。ここでは「ストレ
　　　　ス反応得点」を選択します（図5.18）。質的変数で水
　　　　準別にプロットしたいとき，「層別のプロット...」ボ
　　　　タンをクリックして，現れた「質的変数」ウィンドウ
　　　　で層別に使用する変数を指定します。ここでは層別
　　　　にプロットしないことにします。

手順3 ▶「オプション」タブに切り替えます。「区間の数」の
　　　　欄に階級数を入力します。スタージェスの公式で自
　　　　動的に階級数を設定するときは，デフォルトの
　　　　〈auto〉のままにします。解析のはじめの段階ではデ
　　　　フォルトの設定にして，必要に応じて区間の数を変
　　　　更します。ここではデフォルトのままにします。

手順4 ▶「軸の尺度」で縦軸の表示を「頻度」「パーセント」
　　　　「密度」から選択します。ここでは「頻度」を指定し
　　　　ます。

図5.18（左），図5.19（右）　ヒストグラムの設定

手順5 「ラベルを表示」欄で，x軸とy軸のラベルおよび
グラフのタイトルを，デフォルトから適宜変更して
入力します（図5.19）。ここでは「y軸のラベル」の
欄に「頻度」を入力しましょう。

手順6 OKボタンをクリックすると，ヒストグラムが出
力されます。

図5.20は縦軸の尺度を3種類設定したヒストグラムを並
べたグラフです。ストレス反応得点の分布は，点数が低い
側に集中していて，高得点になるに従ってデータが少なく
なることがわかります。このような左右非対称な分布の形
を「右に歪んでいる」あるいは「右すそが重い」といいます。

Rコマンダーのヒストグラム描画機能では，階級数と最
小値・最大値から階級は自動的に設定されますが，階級の
幅が異なるように設定したかったり，変数の意味づけから
階級を自分で設定したいことがあります。タイトルや横軸
と縦軸のラベルを変更したいことも多いでしょう。

また，複数のヒストグラムを1枚のシートに描かせて分
布を比較するときには，横軸のスケールをそろえる必要も
出てきます。そのような場合，自動的にヒストグラムを描

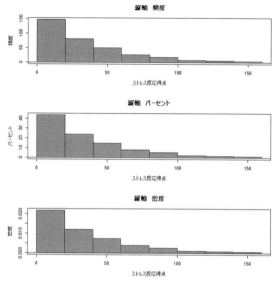

図5.20　ストレス反応得点のヒストグラム

いた後，「Rスクリプト」ウィンドウに出力された「Hist( )」
関数の引数を修正することにより，ヒストグラムを描き直
します。必要な修正後，「実行」ボタンをクリックしてコマ
ンドを実行します。

階級の設定

　階級はHist関数の引数「breaks」で指定されます。階級
の設定をデフォルトから変更したい場合，「breaks=」の右
辺で，ベクトルとして「c( )」関数によって階級の下限値と
上限値を小さい順に並べて設定します。

　たとえば，階級数が5で，階級の下限値と上限値が0, 10,

20, 50, 100, 200ならば，Hist関数の括弧内にある引数「breaks="Sturges"」を「breaks=c(0, 10, 20, 50, 100, 200)」に修正します。場合によっては

$$\text{brk <- c}(0, 10, 20, 50, 100, 200)$$

と変数「brk」に代入してから，「breaks=brk」に修正した方が便利です。なお，このように階級の幅が等しくない場合は，縦軸の数値は密度で計算されますので，正しい表記にするため「軸の尺度」として「密度」を選びます。

　他にも，グラフ描画に使う便利な機能を紹介します。階級の設定と同様に，「Rスクリプト」ウィンドウ内の引数を修正することでグラフの見ためを変えることができます。

ラベルの設定
横軸のラベルの引数「xlab」：例「xlab = "体重 (kg)"」
縦軸のラベルの引数「ylab」：例「ylab = "度数 (人)"」
タイトルの設定
グラフのタイトルの引数「main」：例「main = "体重のヒストグラム"」
軸のスケールの設定
スケールの下限と上限をc関数で指定します。
横軸のスケールの引数「xlim」：例「xlim=c(50, 200)」
縦軸のスケールの引数「ylim」：例「ylim=c(0, 10)」
色の指定
色の引数「col」：例「col="green"」緑に設定

▶ 5.1.6　密度推定

　平滑法によるノンパラメトリックな密度関数の推定結果をグラフに描きます。ヒストグラムでは滑らかな分布の形がとらえにくいので，観測値の分布を滑らかにした密度関数と呼ばれる関数により分布の形をとらえる方法です。観測値の数がかなり大きい場合，分布の形をつかむのにたいへん威力を発揮します。分布の形を適切にみるには，データ数に応じて「バンド幅」を設定することで線の滑らかさを調整する必要があります。バンド幅を大きくすると，密度関数の滑らかさが大きくなります。例として，ストレス反応得点の密度推定のグラフを描きます。

手順1 ▶ Rコマンダーのメニューから「グラフ」→「密度推定」を選ぶと，「ノンパラメトリック密度推定」ウィンドウが現れます。

手順2 ▶ 「変数（1つ選択）」の枠で，プロットする変数を選択します。ここでは「ストレス反応得点」を選択します。質的変数の水準別にグラフを描くときは，「層別のプロット...」ボタンをクリックして層別に使用する変数を指定します。ここでは層別にプロットしないことにします。

手順3 ▶ 「オプション」のタブに切り替えます。「方法」から「適応カーネル」または「カーネル」を選択します。「カーネル」を指定したら，「カーネル関数」から使用する関数を選択します。ここでは方法として「適応カーネル」を指定しましょう。

手順4 「バンド幅」を自動的に設定するときは，デフォルトの〈auto〉のままにします。バンド幅を指定したい場合，「バンド幅を拡大」のバーをスライドするか，「バンド幅」の枠に数値を入力します（図5.21）。

図5.21　ノンパラメトリック密度推定の設定

手順5 「ラベルを表示」欄で，x 軸と y 軸のラベルを適宜入力します。

手順6 OK ボタンをクリックすると，推定された密度関数が出力されます。

「適応カーネル」あるいは「カーネル」で3つの関数のどれを用いても，通常は推定結果に大きな違いはありません。しかし，密度関数の形状は「バンド幅」によってかなり変動します。

　バンド幅を大きくすると，推定された密度関数はより平滑化され，滑らかな曲線になります。一方，バンド幅を小さくすると，推定された密度関数は観測値を追随したより

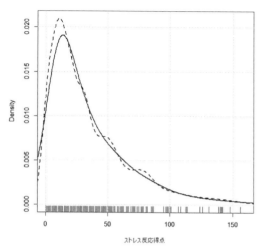

図5.22　ストレス反応得点の密度関数（破線：バンド幅=1, 実線：バンド幅=2）

細かい変動を示します。解析のはじめの段階ではデフォルトの設定にして，必要に応じてバンド幅を変更すればよいでしょう。

　図5.22は，バンド幅をそれぞれ1（破線）と2（実線）に設定して推定したストレス反応得点の密度関数を，1つのグラフに重ね描きしたものです。この例では，バンド幅を2に拡大した方が適切です。ストレス反応得点の分布は，右側のすそが広がった形をしている「右すそが重い分布」であることがわかります。

グラフを重ね描きする方法

　図5.22のようにグラフを重ね描きする方法について説明します。

手順1 ひとつめのグラフを描きます。

手順2 重ね描きの設定をするコマンド「par(new=TRUE)」を,「Rスクリプト」ウィンドウに入力します。

手順3 実行ボタンをクリックして,コマンド「par(new=TRUE)」を実行します。

手順4 線の種類を変更して,つぎのグラフを描きます。

さらにグラフを重ね描きする場合は,手順3と4を繰り返します。

重ね描きするとき,5.1.5項に記した軸のスケールの設定方法に従って,グラフのスケールが同じになるように注意してください。図5.22では「xlim=c(0, 160), ylim=c(0, .021)」に設定しました。

グラフの線種の設定方法

グラフの識別ができるよう線の種類を変えるとみやすくなります。線種は,グラフを描くコマンドの引数「lty」により指定します。たとえば,密度関数を破線で描きたいとき,コマンドdensityPlot( )の括弧内に「lty="dashed"」と入力します。線種には,つぎのようなものが使えます。
実線"solid",破線"dashed","longdash",点線"dotted",一点鎖線"dotdash","twodash"

▶ 5.1.7 幹葉表示

幹葉表示は,ヒストグラムと同様に分布をみるためのグラフです。ヒストグラムでは,観測値が階級に属することしかわからないという情報落ちがありますが,幹葉表示で

はこの欠点がある程度修正されています。幹葉表示はヒストグラムより少ないデータでも使えるので便利です。ただし，観測値の数が多すぎると描けなくなります。

　例にストレス反応得点のデータを使って，幹葉表示を描くことにしましょう。

手順1 Rコマンダーのメニューから「グラフ」→「幹葉表示」を選ぶと，「幹葉表示」ウィンドウが現れます。

手順2 「データ」タブにある「変数（1つ選択）」の枠で，プロットする変数を選択します。ここでは「ストレス反応得点」を選択します。層別に幹葉表示を描くときは，「Plot back-to-back by」ボタンをクリックして因子を選択しますが，今回は使用しません。

手順3 「オプション」のタブに切り替えます。「幹のパーツ」でヒストグラムの階級幅に相当する幹の設定を行います。通常，デフォルトの「自動」のままで構いません。

手順4 「分割した幹のスタイル」の設定は，「テューキー」（幹葉表示の提唱者）と「Repeated stem digits」のどちらかを選びます。ここでは「テューキー」を選びましょう。

手順5 「他のオプション」では3つのオプションを選択できます。「外れ値を削除」を選択すると，外れ値と判断された観測値はグラフに含まれずに，グラフの下に値が表示されます。極端な外れ値があれば，「外れ値を削除」を選択します。「深さを示す」を選択すると累積度数が表示されるので，通常はチェックを

付けます。「負の値の葉の表示を降順に」は，観測値に正と負のものがあるとき，幹の表示を 0 で折り返した標準的な描き方をしたいならばチェックを付けます。通常はチェックを付けます（図 5.23）。

図 5.23　幹葉表示の設定

手順6 「葉の桁」にある「自動」のチェックボックスにチェックが付いていることを確認します。グラフの葉になる数値が表す単位を決めるもので，通常はこの自動設定で構いません。幹葉表示を描いて，不都合があれば，この欄の右にあるバーで設定を調整します。

手順7 OK ボタンをクリックすると，出力ウィンドウにグラフが出力されます（図 5.24）。

図 5.24 の出力ウィンドウに描かれたグラフにおいて，左に縦に並んだ数値が深さ（中央値より小さい階級では累積

```
> with(PatientStress, stem.leaf(ストレス反応得点, na.rm=TRUE))
1 | 2: represents 12
 leaf unit: 1
                  n: 337
     42    0*  | 000000000000000000001112222222233333334444
     72    0.  | 55566666666777888888899999999
    108    1*  | 00000000000111112223333333333333344444
    137    1.  | 55555555566666777788888999999
    164    2*  | 000000000111111122222223334
   (25)    2.  | 5555556777788888888999999
    148    3*  | 001111111122223333344
    127    3.  | 556666667778889
    112    4*  | 01111233334444
     98    4.  | 556678899999
     86    5*  | 001112223333444
     71    5.  | 568888899
     62    6*  | 011233
     56    6.  | 55679999
     48    7*  | 01244
     43    7.  | 57788999
     35    8*  | 111112
     29    8.  | 56677
           9*  |
     24    9.  | 555789
     18   10*  | 01
     16   10.  | 779
     13   11*  | 334
 HI: 124 126 126 131 139 140 141 142 148 156
```

図5.24　ストレス反応得点の幹葉表示

度数，大きい階級では最大値からの累積度数)を表します。

　深さの右の数値がグラフの幹の部分であり，階級を表します。その右の縦棒をはさんだ数値が葉の部分であり，それぞれの数字が各観測値を表します。図の上にある「leaf unit：1」という表示は，たとえば葉の数字「7」は7を意味することを示しています。その下にある「n：337」は全観測値の数です。

　ここで幹にある「7＊」，「7.」，「8＊」，「8.」などの表示は，たとえば，「7＊」は70から74を，「7.」は75から79を表しています。74という観測値は幹の「7＊」に葉「4」として描かれています。「7＊」の葉は「01244」であるので，70，71，72，74，74という5つの観測値があることを示して

います。ただし、「leaf unit」で示されている1より小さい小数点以下は切り捨てていることに注意しましょう。なお、この表示は「幹のパーツ」が2（階級幅がleaf unitの5倍）としたときのものです。

「幹のパーツ」を5（階級幅がleaf unitの2倍）としたときの表示は独特で、たとえば幹の「9 *」、「t」、「f」、「s」、「9.」というのは、それぞれ90 – 91, 92 – 93, 94 – 95, 96 – 97, 98 – 99の階級を意味します。

幹から外れる観測値は個別に値が表示されます。ここでは大きな観測値が10あり、最下行の「HI」の右に値が表示されています。

▶ 5.1.8 箱ひげ図

箱ひげ図は、観測値を小さい順に並べたときにちょうど順位の真ん中にくる「中央値」と、小さい方から4分の1と4分の3にあたる「四分位数」をもとに分布の特徴をグラフ化したもので、分布の位置（中央値）と散らばり（四分位範囲）が明示されます。また、外れ値もグラフ上にプロットします。箱ひげ図を並べて描いてもスペースをとらないため、とくに多集団や多変数間の分布を比較するためによく利用されます。

箱ひげ図の説明は、グラフを描いた後に述べます。

例として、ストレス反応得点を性で層別した箱ひげ図を描きましょう。

手順1 ▶ Rコマンダーのメニューから「グラフ」→「箱ひげ図」を選ぶと、「箱ひげ図」ウィンドウが現れます。

手順 2 「データ」タブにおける「変数（1つ以上選択）」の枠で，プロットする変数を選択します。ここでは「ストレス反応得点」を選択します。質的変数の水準別にグラフを描くときは，「層別のプロット...」ボタンをクリックして層別に使用する変数を指定します。ここでは，層別変数に「性別」を指定します。なお，変数を2つ以上選択すると，各変数の箱ひげ図を並べたプロットが得られますが，層別のプロットは描けません。

手順 3 「オプション」のタブに切り替えます。「外れ値の特定」の項目で，外れ値のケース番号をグラフ上に表示させたいとき，「自動的に」を選びます。箱ひげ図を描いてから，外れ値があるときケース番号を表示したい観測値をマウスで指定する場合に，「マウスで」を選びます。ここでは「マウスで」を指定してみます（図5.25）。

図5.25　箱ひげ図の設定

手順 4 ラベルを適宜，付け替えます。

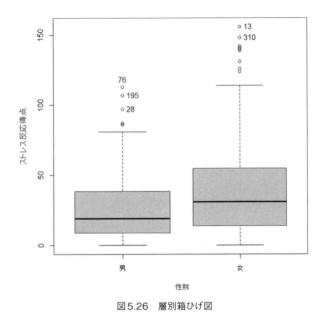

図5.26　層別箱ひげ図

手順5 OK ボタンをクリックすると，箱ひげ図が出力されます。

図5.26は，「外れ値の特定」の項目で「マウスで」の設定で描かせたグラフに，5つの外れ値をマウスで指定してケース番号が示されたものです。

縦軸に変数の値，横軸に水準のラベルをとります。箱を表す長方形の中仕切りが中央値を表します。長方形の下辺が第1四分位数Q_1，上辺が第3四分位数Q_3を表します。

ひげの部分を定義するために$h = Q_3 - Q_1$（四分位範囲）とおきます。箱より下のひげは，$Q_1 - 1.5h$以上の範囲で最小

の観測値まで長方形の下辺から伸ばします。一方，箱より上のひげは，$Q_3 + 1.5h$ 以下の範囲で最大の観測値まで長方形の上辺から伸ばします。そして，$Q_1 - 1.5h$ 未満と$Q_3 + 1.5h$ より大きい観測値を外れ値として，個々にプロットします。いまの例では，$Q_1 - 1.5h$ 未満の外れ値はなく，$Q_3 + 1.5h$ より大きい外れ値があります。

箱ひげ図からは，分布の特徴がつぎのように読み取れます。分布の位置は，長方形の中仕切り（中央値）からわかります。分布の散らばりは，長方形の長さ（四分位範囲）からわかります。中央値に対する図の非対称性と，外れ値の出現から「右すそが重い分布」であることがわかります。

▶ 5.1.9 平均値プロット

平均値プロットとは，質的変数の水準間で平均を比較するために，標準偏差・標準誤差・信頼区間のいずれかといっしょに描いたグラフです。

平均値は各水準における観測値の標本平均であり，それらの値をグラフ上にプロットして表します。標本平均は，知りたいと思う人やものの集まりの全体である母集団の平均（母平均といいます）の推定値になっています。標準偏差・標準誤差・信頼区間をエラーバーによって表します。エラーバーの種類の選び方は，

標準偏差(standard deviation)　観測値の散らばりを表したいとき

標準誤差(standard error)　母平均の推定値の誤差を示したいとき

信頼区間 (confidence interval)　母平均の推定の確から

しさを信頼区間（信頼水準として指定した確率で母
平均が存在する区間）で示したいとき

のように目的に依存します。

例として，年齢区分でグループ分けした健康統制感の平
均値プロットを，つぎのように描きます。

手順1 ▶ Rコマンダーのメニューから「グラフ」→「平均の
プロット」を選ぶと，「平均のプロット」ウィンドウ
が現れます。

手順2 ▶ 「データ」タブで，「因子（1つまたは2つ選択）」の
枠からグループ分けする変数（因子）を選択します。
例として，「年齢区分」を選択します。

手順3 ▶ 「目的変数（1つ選択）」の枠から，平均をプロット
する変数を選択します。ここでは「健康統制感」を選
択します。

手順4 ▶ 「オプション」タブに切り替えます。「エラーバー」
の項目から，エラーバーの種類を選択します。選択
肢は，「標準誤差」「標準偏差」「信頼区間」「エラー
バーなし」です。「信頼区間」を選択した場合，「信頼
水準」の欄にその値を入力します。信頼水準のデフ
ォルトは「0.95」です。ここでは，エラーバーに標準
誤差を選択します（図5.27）。

手順5 ▶ 適宜ラベルとタイトルを入力します。ここでは，
「x軸のラベル」を「年齢」に，「y軸のラベル」を「健
康統制感」に，「グラフのタイトル」を「健康統制感
の平均値プロット，年齢別」と変更します。

図5.27　平均値プロットの設定

手順6 通常，隣の水準間でグラフ上の平均値を表す点を
線でつなぎますが，線でつながない場合は，「平均
のプロファイルを結合」のチェックボックスでチェ
ックを外します。

手順7 OK ボタンをクリックすると，平均値プロットが
出力されます（図5.28）。

　図5.28において各グループの平均が実線で結ばれていま
す。また，エラーバーが破線で描かれています。高年群に
おける健康統制感の平均がほかの3群より高いことがみて
とれます。

　つぎに，年齢区分に性別を加えた2つの因子でグループ
分けして，平均値プロットを描いてみましょう。同時に2
つの因子を考えると，年齢区分と性別の交互作用（2因子
の組み合わせによって生じる異なる効果）を含めた両変数
と健康統制感の平均との関係について探るのに役立ちま
す。

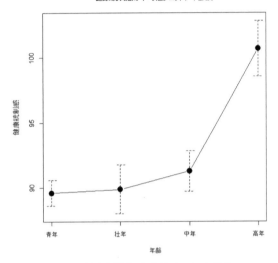

図5.28 健康統制感の平均値プロット, 年齢別

手順1 Rコマンダーのメニューから「グラフ」→「平均の
プロット」を選ぶと, 「平均のプロット」ウィンドウ
が現れます。

手順2 「データ」タブで, 「因子(1つまたは2つ選択)」の
枠からグループ分けする因子として「性別」と「年齢
区分」を選択します。なお, 複数の因子を選択する
には, キーボードで「Ctrl」キーを押しながら, 因子
をクリックします(図5.29)。

手順3 「目的変数(1つ選択)」の枠から「健康統制感」を
選択します。

手順4 「オプション」タブで, エラーバーの種類を指定し

図5.29（左），図5.30（右）　2因子の平均値プロットの設定

ます。

手順5　適宜，ラベルとタイトルを入力します。ここでは，「グラフのタイトル」の欄に「健康統制感の平均値プロット，性・年齢別」と入力します。

手順6　「凡例の位置」を指定します（図5.30）。一度グラフを描いてから，必要ならば適当な位置に指定しなおしてください。

手順7　OKボタンをクリックすると，2つの因子でグループ分けされた平均値プロットが出力されます（図5.31）。

　出力された平均値プロットは，性別に健康統制感の平均が年齢区分によってどのように異なるのかについて傾向をみるのに有用なグラフです。また，その傾向に男女間で違いがあれば，性別と年齢区分に交互作用がある示唆となります。

　図5.31をみると，健康統制感の平均は，男女とも高年群が他の3群より平均が高いという似た傾向があるようで

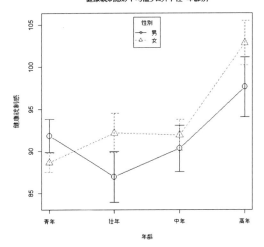

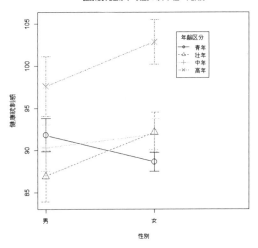

図 5.31（上），図 5.32（下）　健康統制感の平均値プロット，性・年齢別

す。平均は，青年以外の群において女性のほうが男性より
高いものの，その差は小さいです。したがって，性別と年
齢区分との交互作用があるとはいえないでしょう。

　年齢区分ごとに性による相違をみるために，性別と年齢
区分別の役割を交替してグラフを描く方法について説明し
ます。まず，上記の手順に従って平均値プロットを描きま
す。つぎに，「Rスクリプト」ウィンドウに出力されている
平均値プロットを描くコマンド内の記述plotMeans（健康
統制感，年齢区分，性別，……）で，引数「性別」と「年齢区
分」の順序を入れ替えてplotMeans（健康統制感,性別,年齢
区分,……）と書き換えます。

　このコマンドを実行して出力された平均値プロットが図
5.32です。ただし，凡例の位置を引数「legend.pos=
"farright"」により「グラフの右に」に変更してあります。

　図5.32をみると，高年群と壮年群において女性の方が男
性より健康統制感が高く，青年では女性より男性の健康統
制感が高い傾向がみられますが，標準誤差が大きいので交
互作用については明確ではありません。また，高年群はほ
かの3群より健康統制感の平均が高いことがみてとれま
す。

▶ 5.1.10　QQプロット

　QQプロットとは，データがある特定の分布に従うかを
吟味するためのグラフです。データが特定の分布に従って
いれば，観測値のプロットが直線に並ぶように工夫されて
います。Rコマンダーでは，正規分布・t分布・カイ2乗分
布・F分布を選択でき，その他の分布は関数の記述により

指定することができます。

とくに，データが正規分布に従っているか否かの吟味が，統計手法の選択の上で重要です。

例として，ストレス反応得点の正規QQプロットを描きましょう。

手順1 Rコマンダーのメニューから「グラフ」→「QQプロット」を選ぶと，「QQプロット」ウィンドウが現れます。

手順2 「データ」タブで「変数（1つ選択）」の枠からプロットする変数を選択します。ここでは「ストレス反応得点」を選択します。質的変数の水準別にグラフを描くときは，「層別のプロット...」ボタンをクリックして層別に使用する変数を指定します。

手順3 「オプション」のタブに切り替えます。「分布」の項目から調べたい分布を選択します。正規分布なら「正規」，t分布なら「t」，カイ2乗分布なら「カイ2乗」，F分布なら「F」を選択します。さらに，自由度をもつ分布では自由度を入力します。その他の分布について吟味する場合は，「その他」を選択して，「指定」の欄に分布の関数を入力し，「パラメータ」の欄にそのパラメータを入力します。

手順4 「点を特定」の選択において，QQプロット上でマウスにより選択した観測値を識別できるようにしたいとき，「自動的に」または「マウスでインターラクティブに」を選びます。ここでは，「自動的に」を選択し，「確認する点の数」をデフォルトの「2」に

設定します。

手順5 必要に応じて，ラベルとタイトルを入力欄にタイプします。ここでは「グラフのタイトル」を「ストレス反応得点の正規QQプロット」に変更します（図5.33）。

図5.33 QQプロットの設定

手順6 OKボタンをクリックすると，QQプロットが出力されます（図5.34）。

グラフ（図5.34）の直線は，指定した分布に厳密に従っている状態を表しています。現実のデータはその分布に従っていても直線の周りに散らばります。もしデータが指定した分布に従っているならば，データのプロットのうち平均して95%が2つの破線にはさまれた領域内におさまります。

逆に，データのプロットに2つの破線にはさまれた領域から外れるものが5%以上あれば，指定した分布に従って

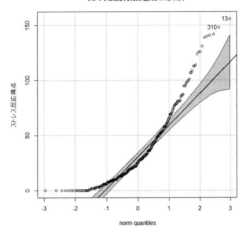

図5.34　ストレス反応得点の正規QQプロット

いないと疑われます。

　ストレス反応得点の例では，分布の右すそ側と左すそ側
が破線の領域から上にはみ出していて，分布の中央が領域
の下に出ていることがみてとれます。したがって，ストレ
ス反応得点が正規分布に従っていないことがわかります
（ヒストグラムを描いてみると，分布が右に歪んでいるこ
とが確認できます）。

　そこで，パラメトリックな手法を適用するために，スト
レス反応得点分布の右への歪みが少なくなるよう平方根変
換を施してみます。平方根変換とは，観測値の平方根を新
しい変数とする変換です。新しい変数名を「ストレス反応」
と呼ぶことにします。「ストレス反応」のドットプロット，
ヒストグラム，推定された密度関数のグラフ，正規QQプ

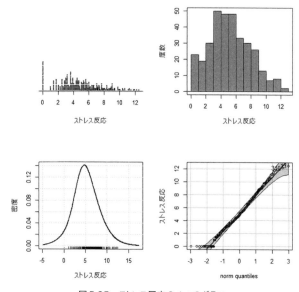

図5.35　ストレス反応の4つのグラフ

ロットを図5.35に示します。

　ストレス反応の分布は，左すそが0未満で切れています
が，変換前と比べてかなり正規分布に近くなりました。

5.2　質的データのグラフ表現

　質的変数あるいは因子の度数分布をグラフで表現する代
表的な方法として，棒グラフと円グラフの描き方について
紹介します。

　いずれも各カテゴリーの度数を視覚化したもので，みな
さんもおなじみのグラフです。

▶ 5.2.1 棒グラフ

例として，変数「年齢区分」の度数分布を取り上げます。棒グラフは以下の手順で描きます。

手順1 R コマンダーのメニューから「グラフ」→「棒グラフ」を選ぶと，「棒グラフ」ウィンドウが現れます。

手順2 「データ」タブにある「変数（1つ選択）」の枠から，プロットする質的変数を選択します。ここでは「性別」を選択します。質的変数の水準別にグループ分けしてグラフを描くときは，「層別のプロット...」ボタンをクリックして層別に使用する変数を指定します。ここでは「年齢区分」で層別するように設定します。

手順3 「オプション」のタブに切り替えます。「データ」タブで層別を指定した場合，「グループ分けした棒のスタイル」と「凡例の位置」を指定します。「グループ分けした棒のスタイル」の選択肢「分割（積み上げ）」は，層別なしで描いた棒を層別変数で分割したスタイルになります。選択肢「グループ化（並列）」は，層別変数の水準で分けたグループごとに棒を描いて並べたスタイルになります。「凡例の位置」は層別変数の凡例を描く場所を指定します。

手順4 適宜ラベルとタイトルを入力します。「棒に度数またはパーセントを表示」のチェックボックスにチェックを入れたままにすると，棒グラフの棒に度数またはパーセントの数値が表示されます。数値を表

示したくないときは，チェックを外します（図
5.36）。

図5.36　棒グラフの設定

手順5 ▶ OK ボタンをクリックすると，棒グラフが出力さ
れます。

「性別」の棒グラフを，層別しない場合，「年齢区分」で層
別して「棒のスタイル」を「分割」と「グループ化」した場合
の3種類を並べて描いたものを図5.37に示します。

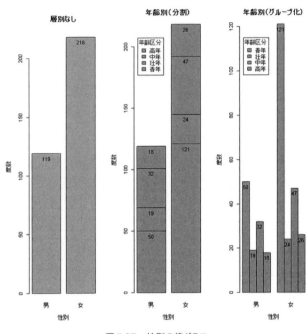

図5.37　性別の棒グラフ

▶ 5.2.2　円グラフ

例として，変数「年齢区分」の度数分布を取り上げて，円グラフを以下の手順で描いてみます。

手順1 Rコマンダーのメニューから「グラフ」→「円グラフ」を選ぶと，「円グラフ」ウィンドウが現れます。

手順2 「変数（1つ選択）」の枠で，プロットする変数を選択します。ここでは「年齢区分」を選択します。

手順3 「セグメントラベルに含む」において「パーセント」
または「頻度」を選択すると，グラフのセグメント上
に数値が表示されます。各水準の分布が読み取りや
すくなり，便利です。表示したくない場合は
「Neither」を選択します。ここでは，割合を示す「パー
セント」を選びましょう。

手順4 「ラベルを表示」で適宜タイトルを入力します（図
5.38）。

図5.38　円グラフの設定

手順5 OK ボタンをクリックすると，円グラフが出力さ
れます（図5.39）。

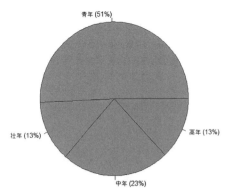

図5.39　年齢区分の円グラフ

▶ 5.2.3　複数のグラフを並べて描画

図5.35や図5.37のように複数のグラフを1枚のシートに並べると，グラフを参照したり比較するのに便利です。本項では複数のグラフを描く方法について説明します。

手順1 ▶ グラフを m 行 n 列に配列する場合，「Rスクリプト」ウィンドウで，コマンド

par(mfrow=c(m, n))

を実行します。たとえば，4つのグラフを2行2列に並べたいならば，

par(mfrow=c(2, 2))

と入力して，「実行」ボタンをクリックします（図5.40）。

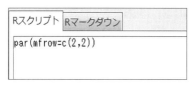

図5.40　「Rスクリプト」ウィンドウへの入力例

手順2 グラフを順にひとつずつ出力していきます。ただし，上から下の行の順に，各行で左から右にグラフが配列されていくことに注意してください。

例として，「ストレス反応」のドットプロット，ヒストグラム，密度関数，正規QQプロットの計4つを描いてみましょう。図5.35のように4つの図が並びます。

5.3　数値による要約

グラフは視覚的に分布の特徴をとらえる方法でした。一方，数値による要約は，分布の特徴を数値（要約統計量といいます）で表すことにより，特徴を客観的に把握する方法です。要約統計量を利用すると，分布の特徴を明確に記述できます。

▶ 5.3.1　すべての変数についての数値による要約

Rコマンダーでは，すべての変数について分布の特徴を

要約する統計量が，一度の操作でただちに求められます。量的変数については，最小値（Min.），第1四分位数（1st Qu.），中央値（Median），平均（Mean），第3四分位数（3rd Qu.），最大値（Max.）が得られます。質的変数については，各カテゴリーの度数が得られます。なお，変数に欠測値がある場合，NA'sの欄にその度数が表示されます。

手順1 Rコマンダーのメニューから「統計量」→「要約」→「アクティブデータセット」を選びます。

手順2 出力ウィンドウにすべての変数に関する要約統計量が出力されます（図5.41）。

```
> summary(Patient$Stress)
      ID        性別        年齢            日常苛立ちごと    ストレッサー得点
1      :  1   男:119   Min.   :15.00    Min.   : 0.000   Min.   : 0.000
2      :  1   女:218   1st Qu.:19.00    1st Qu.: 0.000   1st Qu.: 5.000
3      :  1            Median :24.00    Median : 1.000   Median : 7.000
4      :  1            Mean   :36.13    Mean   : 2.896   Mean   : 7.303
5      :  1            3rd Qu.:52.00    3rd Qu.: 4.000   3rd Qu.: 9.000
6      :  1            Max.   :87.00    Max.   :25.000   Max.   :16.000
(Other):331

    健康統制感      ストレス反応得点  ノンコンプライアンス行動数
 Min.   : 58.00   Min.   :  0.0    Min.   :0.0000
 1st Qu.: 83.00   1st Qu.: 11.0    1st Qu.:0.0000
 Median : 92.00   Median : 25.0    Median :0.0000
 Mean   : 91.46   Mean   : 34.9    Mean   :0.6083
 3rd Qu.:101.00   3rd Qu.: 50.0    3rd Qu.:1.0000
 Max.   :138.00   Max.   :156.0    Max.   :4.0000
```

図5.41　出力ウィンドウに表示される要約統計量

　この例では，質的変数「性別」については男性が119ケース，女性が218ケースであることがわかります。また，量的変数である「年齢」については最小値が15.00，第1四分

位数が19.00, 中央値が24.00, 平均が36.13, 第3四分位数が52.00, 最大値が87.00であることがわかります。いずれの変数にも欠測値がありませんので, NA'sの欄は表示されていません。

〈注：執筆時点でのRコマンダーのバージョン (2.8-0) では, 上記の手順で不具合が発生することがあるようです。例として使っている「外来患者ストレス.RData」ではうまく動作しません。特設サイトからダウンロードできる「外来患者ストレス（元データ）.RData」を読み込んで操作してみてください。このデータセットならば正常に動作します〉

▶ 5.3.2 量的データの数値による要約

量的変数の分布の特徴を要約する統計量である平均（mean）, 標準偏差（standard deviation）, 任意の分位点（quantiles）を, 以下の手順により求められます。

ストレス反応得点とストレッサー得点の要約統計量を性で層別して求めてみます。

手順1 ▶ Rコマンダーのメニューから「統計量」→「要約」→「数値による要約」を選ぶと,「数値による要約」ウィンドウが現れます。

手順2 ▶「データ」タブで「変数（1つ以上選択)」の枠から要約統計量を求める変数を選択します。ここでは「ストレス反応得点」と「ストレッサー得点」を選択します。複数の変数を選択するには,「Ctrl」キーを押しながら, 変数をクリックします（図5.42）。

手順3 層別（グループ別）に数値変数の要約統計量を算出する必要がないならば，手順5に進みます。ここでは「性別」でグループ分けして要約統計量を算出するので，「層別して要約...」ボタンをクリックして，手順4に進みます。

手順4 「質的変数」ウィンドウが現れるので，「性別」を選択して，OKボタンをクリックします。

手順5 「統計量」タブに切り替えます。求めたい統計量のチェックボックスにチェックを付けます。分位数のデフォルトは四分位数ですが，その他の分位点を求めるときは「分位数」の欄に入力します（図5.43）。たとえば，20パーセンタイルと80パーセンタイルを求めたいならば，「.2, .8」と入力します。数値の間はカンマで区切ることに注意してください。

手順6 OKボタンをクリックすると，出力ウィンドウに要約統計量が出力されます（図5.44）。英語で表記される要約統計量 mean, sd, IQR はそれぞれ平均，標準偏差，四分位範囲です。

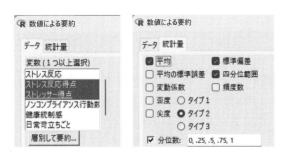

図5.42（左），図5.43（右）　数値による要約の設定

```
> numSummary(PatientStress[.c("ストレス反応得点", "スト|
+   statistics=c("mean", "sd", "IQR", "quantiles"), quar
Variable: ストレス反応得点
        mean       sd   IQR 0% 25% 50%    75% 100%   n
男 26.63866 26.30001 29.50  0   9  19 38.50  113 119
女 39.40826 34.31023 40.75  0  14  31 54.75  156 218

Variable: ストレッサー得点
        mean       sd IQR 0% 25% 50% 75% 100%   n
男 7.386555 2.940394   4  1   5   7   9   15 119
女 7.256881 3.113531   4  1   5   7   9   16 218
```

図5.44　出力ウィンドウに表示される要約統計量の出力

　出力は「ストレス反応得点」と「ストレッサー得点」それぞれについての表になっています。「ストレス反応得点」についての出力からは，男女それぞれの平均が26.63866と39.40826，標準偏差が26.30001と34.31023などといった情報が得られます。0％，25％，……の表示の下にあるのは，たとえば25％なら，値が小さい方から25％の順位の人（つまり全体が100人であれば下から25位の人）の値を示しています。これを分位数といいます。行の最後にある「n」は，その層に含まれるケースの数を示しています。この場合では男性が119人，女性が218人とわかります。

層別統計量

　2つ以上の変数で層別して，各層における平均，中央値，標準偏差，四分位範囲などいずれか1つの統計量を求めたいときに用います。

　例として，性別と年齢区分で層別したストレス反応得点の平均を求めてみましょう。

手順1 Rコマンダーのメニューから「統計量」→「要約」
→「層別の統計量」を選ぶと,「統計量の表」ウィン
ドウが現れます。

手順2 「因子(1つ以上選択)」の枠から層別に使用する因
子を選びます。ここでは,「性別」と「年齢区分」を
選択します。

手順3 「目的変数(1つ以上選択)」の枠から要約統計量を
求める変数を選びます。ここでは「ストレス反応得
点」を指定します。

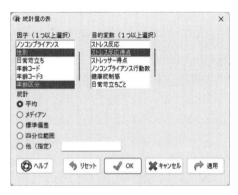

図5.45 層別要約統計量の設定

```
> Tapply(ストレス反応得点 ~ 性別 + 年齢区分, mean,
     年齢区分
性別     青年      壮年      中年      高年
 男 35.56000 26.15789 20.81250 12.72222
 女 48.09091 44.70833 24.34043 21.34615
```

図5.46 層別要約統計量の出力

手順4 ▶ 「統計」の項目から求めたい要約統計量を1つ選び
ます。ここでは「平均」を指定します（図5.45）。

手順5 ▶ OKボタンをクリックすると，出力ウィンドウに
計算結果が表示されます（図5.46）。

この場合も出力は表の形式で表示されています。たとえ
ば「中年」の「女」のストレス反応得点の平均は24.34043と
読み取ることができます。

表の出力をExcelに貼り付ける方法

出力ウィンドウに出力された表はテキスト形式です。こ
の表を報告書やプレゼンテーション用の原稿として使用す
るには，いったんExcelなどの表計算ソフトに貼り付けて
から表として整えるのが便利です。Excelの使用例で手順
を説明しましょう。

手順1 ▶ Rコマンダーの出力ウィンドウから利用したい表
を複写します。

手順2 ▶ Excelを操作して，シートの表を貼り付けたい場
所を指定します。

手順3 ▶ 複写した表をExcelに貼り付けます。このとき，
「貼り付けのオプション」から「テキストファイルウ
ィザードを使用」を選択します。

手順4 ▶ 現れた「テキストファイルウィザード」ウィンドウ
で「データのプレビュー」を確認しながら設定を進
め，貼り付けを完了します。

手順5 ▶ Excelで表を原稿用に整えます。

▶ 5.3.3 質的データの度数分布および適合度検定

　質的変数の解析の第一歩は，度数分布（頻度分布ともいいます）を求めることです。たとえば棒グラフは度数分布を視覚化したものです。Rコマンダーでは，度数分布の確認と同時に，データが指定した確率分布に適合しているか否かを検定する適合度の「カイ２乗検定」も行えます。

　ここでは「性別」の度数分布を調べます。さらに「男女の比率は等しい」という仮説を立てて，この仮説が正しいか否かを検定してみます。

　検定とは，母集団においてある仮説が正しいか，誤りであるかを判断する統計手法です。検定によって正否を調べる対象となる仮説を「帰無仮説」といいます。いまの例で帰無仮説は「男女の比率は等しい」です。一方「対立仮説」とは，帰無仮説が誤っていると判断されるときに，採用される仮説です。この例での対立仮説は「男女の比率は異なる」となります。

　帰無仮説の正否を判断する際，データからp値という確率を計算します。このp値は，帰無仮説が正しいと仮定したときに，データの状態よりも対立仮説寄り（男女の比率が異なる方向）の状態が発生する確率です。帰無仮説が正しいとしたら稀にしか起こらないほど小さな確率であるとき，帰無仮説は誤っていると考え，対立仮説を採択します。判断の基準となる小さな確率を「有意水準」と呼び，検定する前に設定しておきます。有意水準は慣習的に0.1,0.05, 0.01などの値が採用されます。ここでは有意水準を0.05（５％）に設定しましょう。

手順1 ▶ Rコマンダーのメニューから「統計量」→「要約」
　　　　　→「頻度分布」を選ぶと,「頻度分布」ウィンドウが
　　　　　現れます。

手順2 ▶ 「変数(1つ以上選択)」の枠から調べたい変数を選
　　　　　択します。例として,「性別」を選びます。

手順3 ▶ 適合度検定をする必要がないならば,OKボタン
　　　　　をクリックして,手順5に進みます。もし適合度検
　　　　　定をしたいならば,「カイ2乗適合度検定」のチェ
　　　　　ックボックスにチェックを付けてからOKボタン
　　　　　をクリックして,手順4に進みます。ここでは,適
　　　　　合度検定をしてみましょう。

手順4 ▶ 現れた「適合度検定」ウィンドウで,仮定する確率
　　　　　分布を指定します。デフォルトは一様分布,つまり
　　　　　すべての水準に等しい割合でデータが分布してい
　　　　　るという仮定です。この場合は「男」と「女」が1/2
　　　　　ずつの分布となります。他の分布の場合,
　　　　　「Hypothesized probabilities」の各カテゴリーの枠に,
　　　　　対応する確率を入力します。ここでは一様分布を仮
　　　　　定して,OKボタンをクリックします(図5.47)。

手順5 ▶ 出力ウィンドウに結果が出力されます(図5.48)。

　「counts」の後に度数分布,「percentages」の後に相対度数
分布(%表示)が出力されます。たとえば性別については,
男119名,女218名で,相対度数は男35.31%,女64.69%
であり,女性の方が多いという結果が得られました。
　適合度検定を選択した場合,「Chi-squared test for given

図5.47　適合度検定の設定

```
+   .Probs <- c(0.5,0.5)
+   chisq.test(.Table, p=.Probs)
+ })

counts:
性別
 男   女
119 218

percentages:
性別
 男     女
35.31 64.69

        Chi-squared test for given probabilities

data: .Table
X-squared = 29.083, df = 1, p-value = 0.00000006934
```

図5.48　度数分布の出力結果

probabilities」の後に，検定結果が表示されます。

「カイ2乗検定」では，帰無仮説からのずれをカイ2乗検定統計量で測ります。カイ2乗検定統計量からp値をカイ2乗分布によって求めます。カイ2乗分布の自由度は（カテゴリー数 - 1）です。すなわち，例においてカイ2乗検定統計量の値は29.083で，自由度が1ですから，p値は6.934×10^{-8}であったということです。有意水準が5％で

すから，帰無仮説は棄却されて「男女の比率は異なる」と判断されます。

5.4　正規性の検定

　統計学では数値変数が正規分布に従うことを前提にして，強力な統計手法が多く開発されています。また，統計モデルに誤差を含む場合，誤差が正規分布に従うことを仮定することも多くあります。仮定した統計モデルの妥当性をチェックする手段として，誤差の正規性に関する仮定を吟味することがあります。

　このように正規性を吟味することは重要です。グラフによる方法として，前に紹介したQQプロットがあります。ここでは検定法として，シャピロ・ウィルク（Shapiro-Wilk）検定とアンダーソン・ダーリング（Anderson-Darling）検定を紹介します。

　帰無仮説は「母集団分布は正規分布」，対立仮説は「母集団分布は正規分布でない」です。

　シャピロ・ウィルク検定はデータサイズが5000以下のときに適用可能です。したがって，データが大きくないときは，通常シャピロ・ウィルク検定を選択します。ただし，アンダーソン・ダーリング検定は，分布のすその逸脱を検出するのに有効です。通常，すそにおける正規性からの逸脱が大きな問題となる場合，もしくはデータサイズが5000以上の場合，最初の選択肢としてアンダーソン・ダーリング検定が推奨されます。

　正規性を吟味する変数として「健康統制感」を取り上げま

す。正規性を検討する方法としてQQプロットというグラフを紹介しました。はじめに，健康統制感の正規QQプロットを図5.49に示しておきます。グラフから正規分布に従っているとみてよさそうです。

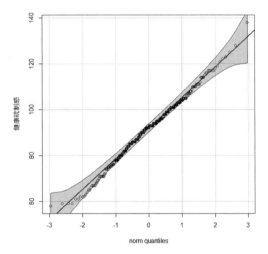

図5.49　健康統制感の正規QQプロット

つぎに，健康統制感の正規性を有意水準5％で検定します。検定の手順は以下のとおりです。

手順1▶ Rコマンダーのメニューから「統計量」→「要約」→「正規性の検定」を選ぶと，「正規性の検定」ウィンドウが現れます。

手順2▶「変数（1つ選択）」の枠から，検定したい変数を選択します。ここでは「健康統制感」を選びます。

手順3 ▶「正規性の検定」の項目から検定法を選択します。「Shapiro-Wilk」検定を指定します。ただし，データサイズが5000以上の場合，またはすそにおける正規性からの逸脱が大きな問題となる場合は「Anderson-Darling」検定を指定します。グループ別に検定する場合は手順4に進みます。ここではグループ別の検定は実施しないことにして手順5に進みます。

手順4 ▶グループごとに検定するときは，「Test by groups...」ボタンをクリックします。「質的変数」ウィンドウが表示されますので，「層別変数（1つ選択）」の枠からグループ分けする変数を指定して，OKボタンをクリックすると，「正規性の検定」ウィンドウに戻ります。

手順5 ▶OKボタンをクリックすると，検定結果が出力ウィンドウに表示されます（図5.50）。

```
> normalityTest(~健康統制感, test="shapiro.test")
        Shapiro-Wilk normality test

data:  健康統制感
W = 0.99445, p-value = 0.261
```

図5.50　健康統制感の正規性の検定の出力，グループ分けなし

　シャピロ・ウィルク検定において正規性からのずれを測る検定統計量Wの値が0.99445で，p値が0.261であることが，出力から読み取れます。すなわち，有意水準5％で帰無仮説が受容されることになります。したがって，QQプ

ロットの結果とあわせて，健康統制感は正規分布に従っていると判断できます。

　健康統制感を性別に正規性を吟味した場合のQQプロット（図5.51），および検定結果（図5.52）を示します。出力ウィンドウにはまず，男女の各群を独立に正規性を検定した場合の結果が出力されます。男性のp値が0.132，女性のp値が0.6516ですから，QQプロットとともに男女の各群において健康統制感は正規分布に従うと判断します。

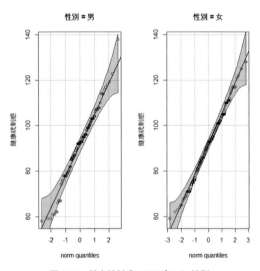

図5.51　健康統制感のQQプロット，性別

```
> normalityTest(健康統制感 ~ 性別, test="shapiro

 --------
 性別 = 男

         Shapiro-Wilk normality test

data: 健康統制感
W = 0.98277, p-value = 0.132

 --------
 性別 = 女

         Shapiro-Wilk normality test

data: 健康統制感
W = 0.99475, p-value = 0.6516

 --------

 p-values adjusted by the Holm method:
   unadjusted adjusted
男 0.13205    0.2641
女 0.65160    0.6516
```

図5.52 健康統制感の正規性の検定の出力, 性別

　しかし, 両群とも正規分布に従うとはいえません。そこで, 帰無仮説「男女とも健康統制感が正規分布に従う」を検定した結果が「p-values adjusted by the Holm method」以下の出力です。「adjusted」の欄に記載されたHolm法によるp値をみて, どのグループで正規分布に従わないかを探っていきます。すべてのグループにおけるp値が有意水準以上ならば, 帰無仮説を受容します。男性のp値が0.2641, 女性のp値が0.6516ですから, 男女両群で正規分布に従うと判断します。

第6章

変数間の関係を探る
― 多次元データの記述統計 ―

この章では，複数の変数間の関係をとらえるために，グラフや分割表を作成したり，関連の強さを示す指標を計算する方法を紹介します。3つ以上の変数の場合でも，それらのうちの2変数間の関係性を探ることからデータ解析は始まります。

変数の種類を大きく分けると，量的変数（数値変数）と質的変数（非数値変数）からなりますので，2変数の組み合わせは{量的変数，量的変数}，{質的変数，質的変数}，{量的変数，質的変数}の3種類あります。2変数の関係性を調べる方法は，これらの組み合わせによって選びます。

{**量的変数，量的変数**}には散布図と相関係数を利用します。

{**質的変数，質的変数**}には分割表と独立性の検定を利用します。

{**量的変数，質的変数**}には量的変数の層別解析を利用します。

6.1　複数の量的変数間の関連性

▶ 6.1.1　散布図

2つの量的変数間の関係を吟味するためには，まず散布図を描くことが基本です。

例として，「日常苛立ちごと」と「ストレス反応」についての散布図を，以下の手順に従って描きます。

手順1 ▶ Rコマンダーのメニューから「グラフ」→「散布図」を選ぶと，「散布図」ウィンドウが現れます。

手順2 ▶ 「データ」タブにおいて，グラフの横軸に設定する「x変数（1つ選択）」に「日常苛立ちごと」を，縦軸に設定する「y変数（1つ選択）」に「ストレス反応」を選択します。

手順3 ▶ 別の因子（質的変数）により層別して，散布図上で観測値を区別できるように異なる印でプロットしたりする場合，「層別のプロット...」ボタンをクリックします。「質的変数」ウィンドウが現れるので，「層別変数（1つ選択）」の枠から層別に用いる変数を選択します。層ごとの回帰直線および平滑化曲線を描きたいならば，「層別して線を描く」のチェックボックスにチェックを付けます。

手順4 ▶ すべてのデータではなく，ある条件を満たす一部のデータを用いて散布図を描きたい場合は，「部分集合の表現」の枠に条件を表す論理式を入力します。たとえば，女性のデータで散布図を描くとき

は，表現「性別＝＝"女"」と入力します。

手順5 「オプション」タブに切り替えます（図6.1）。「プロットのオプション」の各項目について，必要ならばチェックボックスにチェックを付けて指定していきます。

「x変数にゆらぎを与えて表示」および「y変数にゆらぎを与えて表示」は，同じ観測値をプロットした点は重なるとグラフの傾向を読み誤るおそれがあるので，観測値に小さなノイズをランダムに加えてプロットの点がずれるようにするオプションです。データが多い場合や，離散値をとる変数の場合に役立ちます。

「x軸を対数軸に」「y軸を対数軸に」はそれぞれx軸とy軸のスケールを対数変換する指定です。大きく右に歪んだ分布をもつ変数については対数軸を採用することを考えます。

「周辺箱ひげ図」は，散布図の座標軸の下と左にそれぞれx軸とy軸の変数に関する箱ひげ図を描くためのオプションです。

「最小2乗直線」は，y軸の変数を目的変数，x軸の変数を説明変数として最小2乗法で求めた回帰直線を，散布図上に描くためのオプションです。2変数間の直線関係をみるために，このオプションは役に立ちます。

「平滑線」は，y軸の変数を目的変数，x軸の変数を説明変数として，データの平滑化により求めた変数の関係を示す曲線を散布図上に描くオプションで

す。2変数間の関係を探索するために，このオプションは役立ちます。

「ばらつき幅の表示」は平滑線の95％信頼領域を表示するオプションです。「スムージングの幅」は，「平滑線」を選択したときに設定する平滑化の程度を表すパラメータです。

「集中楕円のプロット」は，散布図上に集中楕円を描くオプションです。集中楕円とは，2変数とも正

図6.1　散布図の設定

規分布に従うという前提で，平均を中心にデータがある確率で存在する領域を示す楕円です。その確率を「集中度」の欄で指定します。デフォルトでは「.5，.9」に設定されています。

手順6 ▶ 「点を特定」の選択において，散布図上に観測値を番号で識別できるようにしたいとき，「自動的に」または「マウスでインターラクティブに」を選びます。

手順7 ▶ 必要に応じて，x軸とy軸のラベルおよびグラフのタイトルを入力します。「プロットする記号」「点の大きさ」「軸テキストの大きさ」「軸ラベルのテキストの大きさ」は，描いた散布図をみて変更してください。

手順8 ▶ 層別でプロットする場合，「凡例の位置」を指定します。

手順9 ▶ OK ボタンをクリックすると，散布図が出力されます。

「日常苛立ちごと」と「ストレス反応」の散布図（図6.2）から，「日常苛立ちごと」が増えると「ストレス反応」が高くなる傾向がみてとれます。ただし，「日常苛立ちごと」の値が10以下において直線関係に近いですが，全体として満点に近くなると傾きが小さくなる曲線関係になっているようです。

「性別」で層別した散布図（図6.3）をみると，男性より女性においてストレス反応が少し高いですが，「日常苛立ちごと」と「ストレス反応」の関係性は類似しています。

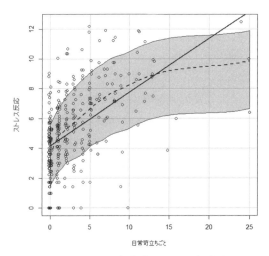

図6.2　「日常苛立ちごと」と「ストレス反応」の散布図

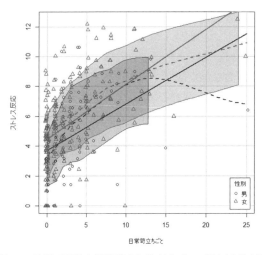

図6.3　性別で層別した「日常苛立ちごと」と「ストレス反応」の散布図

　相関関係には，一方の変数が増加すると他方の変数も増加する傾向を示す正の相関と，逆に一方の変数が増加すると他方の変数が減少する傾向を示す負の相関があります。

　さらに，狭義の相関は２変数の直線関係を意味し，その指標として「ピアソンの積率相関係数」（Pearson product-moment correlation coefficient）があります。

　広義の相関は直線関係だけではなく曲線関係も含み，その指標として順位相関係数があります。順位相関係数とは，２つの変数それぞれについて値の小さい方から順位を付けて，順位の値を用いて相関の強さを測る指標です。

　定義の違いにより「スピアマンの ρ（ロー）」（Spearman's rho）と「ケンドールの τ（タウ）」（Kendall's tau）という２種類の順位相関係数があります。同じ順位のデータがある場合はケンドールの τ を利用した方がよいでしょう。なお，順位相関係数は量的変数のほかに，カテゴリー間に順序関係がある質的変数でも利用できます。

　相関の検定は，帰無仮説「２変数間に相関がない」を検定するものです。例として，「日常苛立ちごと」と「ストレス反応」について相関の検定を５％の有意水準で行います。また，対立仮説を「２変数間に相関がある」とする両側検定にしましょう。

手順1 ▶ Rコマンダーのメニューから「統計量」→「要約」→「相関の検定」を選ぶと，「相関の検定」ウィンドウが現れます。

手順2 「変数（2つ選択）」の枠から変数を選択します。ここでは「ストレス反応」と「日常苛立ちごと」を選択します（図6.4）。

図6.4　相関の検定の設定

手順3 「相関のタイプ」の項目において，「ピアソンの積率相関」「スピアマンの順位相関」「ケンドールのタウ」の中から選択します。ここでは「スピアマンの順位相関」を選びます。

手順4 「対立仮説」の項目から，「両側」「相関＜0」（負の相関），「相関＞0」（正の相関）のいずれかを指定します。ここでは「両側」検定を選択します。

手順5 OK ボタンをクリックすると，出力ウィンドウに相関係数の値と検定結果が出力されます（図6.5）。

　出力の一番下に表示されているスピアマンの順位相関係数「rho」は約0.56で，検定のp値は2.2×10^{-16}より小さい値でした。したがって，有意水準0.05よりp値は小さいので対立仮説が採択され，「ストレス反応」と「日常苛立ちご

```
           Spearman's rank correlation rho

data:  ストレス反応 and 日常苛立ちごと
S = 2809149, p-value < 2.2e-16
alternative hypothesis: true rho is not equal to 0
sample estimates:
      rho
0.5596072
```

図6.5　相関の検定の出力

と」の間には5％水準で有意な相関が認められます。相関
係数が正であることから，日常苛立ちごとが多いとストレ
ス反応が強い傾向にあることがわかりました。

▶ 6.1.3　散布図行列

　散布図行列とは，3つ以上の量的変数を対象にして，2
変数のペアすべての散布図を配列したものです。散布図行
列により多くの相関関係をまとめてとらえることができま
す。「ストレス反応」「ストレッサー得点」「健康統制感」を
例として，散布図行列を以下の手順に従って描きます。

手順1 ▶ Rコマンダーのメニューから「グラフ」→「散布図
　　　　行列」を選ぶと，「散布図行列」ウィンドウが現れま
　　　　す。

手順2 ▶ 「データ」タブで「変数を選択（3つ以上）」の枠か
　　　　ら散布図を描く変数を選択します。ここでは「スト
　　　　レス反応」「ストレッサー得点」「健康統制感」を選
　　　　択します（図6.6）。

手順3 ▶ 別の因子（質的変数）により層別して，散布図上で
　　　　観測値を区別できるように異なる印でプロットす

る場合,「層別のプロット...」ボタンをクリックして因子を指定します。今回は層別は行いません。

手順4 「オプション」タブに切り替えます。「対角位置に」の項目から,散布図行列の対角位置(同じ変数のペアになる位置)に描くグラフを選びます。ここでは「ヒストグラム」を選びます。

手順5 「他のオプション」の各項目について,必要ならばチェックボックスにチェックを付けて指定していきます。ここでは「最小2乗直線」と「平滑線」にチェックを付けます(図6.7)。

手順6 著しく大きな値と小さな値の点を特定するため,散布図上に観測値の番号を表示したいとき,「各パネルとグループで確認する点の数」で表示される個数を設定します。

図6.6(左),図6.7(右)　散布図行列の設定

手順7 必要に応じてグラフのタイトルを入力します。

手順8 OK ボタンをクリックすると，散布図行列が出力
されます（図6.8）。

　図6.8では，まず一番上の段に注目すると，2つ並んだ散
布図の縦軸が「ストレス反応」に，横軸は中央の図が「スト
レッサー得点」，右側が「健康統制感」となっています。

　同様に2段目の散布図は縦軸が「ストレッサー得点」，横
軸は左が「ストレス反応」，右が「健康統制感」という順番
で並んでいます。

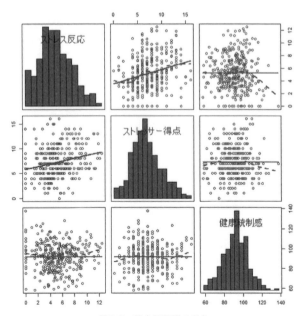

図6.8　散布図行列の出力

　1段目中央の図をみると，最小2乗直線と平滑線で示されるように，ストレッサー得点が高くなるとストレス反応が高くなる弱い相関関係がみられます。1段目右の図から健康統制感とストレス反応との相関は全体としてみられないようですが，破線で示された平滑線によると健康統制感が100点を超えるとストレス反応が減少する部分的な傾向も否定できません。

　散布図行列における変数の配列を変更するには，先に散布図行列を描いたときの「Rスクリプト」ウィンドウに出力されたコマンドの関数「scatterplotMatrix(~ストレス反応＋ストレッサー得点＋健康統制感…」の引数を変更します。たとえば，「ストレッサー得点」「健康統制感」「ストレス反応」の順にしたい場合，「scatterplotMatrix(~ストレッサー得点＋健康統制感＋ストレス反応…」のように変数の順序を入れ替えてから，コマンドを実行します。

▶ 6.1.4　相関行列

　2つの量的変数の相関関係を表す指標は相関係数と呼ばれます。

　相関行列とは，2つ以上の量的変数を対象にして，2変数の組み合わせのすべてについて，相関係数を行列の形でまとめたものです。

　相関係数には，狭義の相関関係である直線関係を示すピアソンの積率相関係数，曲線的な関係を含む広義の相関関係を示す順位相関係数（スピアマンのρとケンドールのτの2種類）があります。そのほか，3変数以上指定したときに，ペアの変数以外の変数が与える影響を除外した「偏

相関係数」があります。

　ここでは「健康統制感」「ストレッサー得点」「ストレス反応」を例に，相関行列を計算してみましょう。

手順1 Rコマンダーのメニューから「統計量」→「要約」→「相関行列」を選ぶと，「相関行列」ウィンドウが現れます。

手順2 「変数（2つ以上選択）」の枠から変数を選択します。ここでは「ストレス反応」「ストレッサー得点」「健康統制感」を選択します（図6.9）。

手順3 「相関のタイプ」の項目において，「ピアソンの積率相関」「スピアマンの順位相関」「偏相関」の中から，求めたい相関係数を選択します。ここでは「ピアソンの積率相関」を選択してみます。

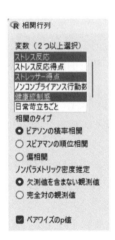

図6.9　相関行列の設定

手順4 計算に使用する観測値を選択します。相関係数の
計算に，選択したすべての変数で欠測値を含まない
データのみを使用する場合，「欠測値を含まない観
測値」を選択します。それぞれの相関係数を計算す
る際に，該当する変数対に欠測値がないデータを使
用する場合，「完全対の観測値」を選択します。今回
使用するデータには欠測値がないので，どちらを選
択しても同じ結果になります。

手順5 相関の有無を判定するために，無相関性の検定の
p 値を求めたい場合，「ペアワイズの p 値」のチェッ
クボックスにチェックを付けます。

手順6 OK ボタンをクリックすると，出力ウィンドウに
相関行列が出力されます（図 6.10）。

```
Pearson correlations:
              ストレス反応 ストレッサー得点 健康統制感
ストレス反応      1.0000        0.2515       0.0003
ストレッサー得点    0.2515        1.0000       0.0040
健康統制感        0.0003        0.0040       1.0000

Number of observations: 337

Pairwise two-sided p-values:
              ストレス反応 ストレッサー得点 健康統制感
ストレス反応                   <.0001       0.9962
ストレッサー得点   <.0001                    0.9419
健康統制感       0.9962        0.9419

Adjusted p-values (Holm's method)
              ストレス反応 ストレッサー得点 健康統制感
ストレス反応                   <.0001        1
ストレッサー得点   <.0001                     1
健康統制感       1             1
```

図6.10　相関行列の出力

出力の最初に表示されるピアソンの積率相関係数「Pearson correlations」は，数値の絶対値が1に近いほど強い相関を持つことを示しています。ストレス反応とストレッサー得点との積率相関係数は0.2515で弱い正の相関がありました。ストレス反応と健康統制感とのピアソンの積率相関係数は0.0003であるので，やはり両者に相関はありませんでした。

　「Pairwise two-sided p-values」は1つの相関係数が0に等しいかを検定したときのp値を示しています。なおストレス反応とストレッサー得点のp値は0.0001より小さいので，有意水準5％で相関関係が認められます。外来診療においてストレスの要因が多いとストレス反応が大きくなる弱い傾向に対応します。

　「Adjusted p-values（Holm's method）」は，対角位置を除く相関行列にあるすべての相関係数が0に等しいかを検定して，0でない相関係数があったとき，どの相関係数が0でないかをみつけるための多重比較に用います。

　なお，相関行列における変数の配列を変更するには，散布図行列の場合と同様，「Rスクリプト」ウィンドウに出力されたコマンドの関数に記述されている変数の順序を入れ替えて，コマンドを実行します。

▶ 6.1.5　3次元散布図　鳥瞰図

　3つの量的変数の関係を同時に検討するときに，散布図を3次元に拡張した3次元散布図（鳥瞰図）を用います。散布図行列ではとらえられなかった関係を，3次元散布図で発見することがあります。

３次元散布図を以下の手順に従って描きます。

手順1 Rコマンダーのメニューから「グラフ」→「３次元グラフ」→「３次元散布図」を選ぶと，「３次元散布図」ウィンドウが現れます。

手順2 「データ」タブで，「説明変数（２つ選択）」の枠から説明変数を２つ選択します。また「目的変数（１つ選択）」の枠から目的変数を１つ選択します。ただしWindows版Rコマンダー2.8-0では変数名を半角文字にしないと正常に機能しませんので，変数名を変更しておきます。ここでは，説明変数に「健康統制感」と「ストレッサー得点」を，目的変数に「ストレス反応」を選択しますが，変数名をそれぞれ「Control」「Stresser」「Response」に付け替えています（図6.11）。

　変数名の変更は，Rコマンダーのメニューから「データ」→「アクティブデータセット内の変数の管理」→「変数名をつけ直す」を選ぶと現れる「変数名の変更」ウィンドウで行えます。

手順3 別の因子（質的変数）により層別して，散布図上で観測値を区別できるように異なる印でプロットする場合，「層別のプロット...」ボタンをクリックします。

手順4 「オプション」タブに切り替えます。「表面の当てはめ」の項目から散布図に描く回帰曲面を選択します（複数指定可）。最小２乗法で求めた回帰平面ならば「線形最小２乗」のチェックボックスに，２次曲面

ならば「2次の最小2乗」のチェックボックスにチェックを付けます。平滑法で求めた曲面を描くならば，「スムーズ回帰」のチェックボックスにチェックを付けます。加法回帰で求めた曲面ならば「加法回帰」のチェックボックスにチェックを付け，通常，当てはめるスプライン関数の自由度「df=」や「自由度（各項）=」の欄はデフォルトのままにします。さらに，50％集中楕円を描きたいならば，「50％集中楕円のプロット」にチェックを付けます。ここでは，「線形最小2乗」と「スムーズ回帰」にチェックを付けます。

手順5 「背景色」の項目で，図の背景色を「黒」または「白」に指定します（図6.12）。ここではデフォルトの「白」のままとします。

手順6 「点を特定」の選択において，散布図上に観測値を番号で識別できるようにしたいとき，「自動的に」または「マウスでインターラクティブに」を選びます。

手順7 OK ボタンをクリックすると，3次元散布図が出力されます（図6.13）。

　垂直軸が目的変数を，2つの水平軸が説明変数を表しています。散布図をマウスでドラッグすると，図が回転してさまざまな角度からプロットのパターンをみることができます。また，設定の「オプション」タブにおいて，「自動回転数」をデフォルトの「0」から「2」に指定すると，出力されたグラフが自動的に2周，回転します。

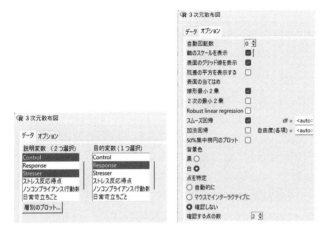

図6.11（左），図6.12（右）　３次元散布図の設定

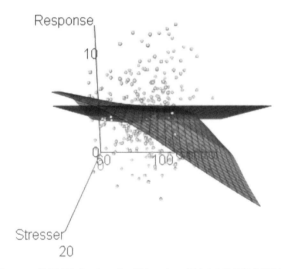

図6.13　健康統制感，ストレッサー得点，ストレス反応の３次元散布図の出力

回帰平面と平滑曲面をグラフに描いておくと，2つの説明変数の相互作用や変数間の非線形性など，2次元散布図からはわからない関係性をとらえることができます。

6.2 複数の質的変数間の関連性

「性別」と「ノンコンプライアンス」のような質的変数間の関係をとらえる方法としては，度数や相対度数を表の形で集計するのが基本です。複数の質的変数を集計した表のことを「分割表」と呼びます。分割表から変数間にどのような関連性があるかを読み取り，さらに，関連性の有無について独立性の検定で確認します。

▶ 6.2.1 2元分割表　2つの質的変数間の関連性

　2つの質的変数間の関連性を調べるには，2元分割表を用います。Rコマンダーを用いれば，データを集計して分割表にまとめるだけでなく，2変数の独立性の検定も同時に行えます。

　例として，変数「日常苛立ち」および「ノンコンプライアンス」を用いて，日常苛立ちごととノンコンプライアンス行動の関連性について吟味します。検定の帰無仮説は「日常苛立ちごととノンコンプライアンス行動は独立である（関連性がない）」，対立仮説は「日常苛立ちごととノンコンプライアンス行動に関連性がある」です。

手順1▶ Rコマンダーのメニューから「統計量」→「分割表」→「2元表」を選ぶと，「2元表」ウィンドウが現れ

ます。

手順2 「データ」タブで，分割表を作る2変数を選択します。「行の変数（1つ選択）」の枠から表側の変数を，「列の変数（1つ選択）」の枠から表頭の変数を選択します。ここでは，それぞれ「日常苛立ち」と「ノンコンプライアンス」を選択します。

手順3 すべてのデータではなく，ある条件を満たす一部のデータを用いて分析したいときは，「部分集合の表現」の欄に，部分集合を規定する条件を入力します。すべてのデータを用いるときは，デフォルト〈全ての有効なケース〉のままです。

手順4 「統計量」タブに切り替えます。「パーセントの計算」の項目で，相対度数（百分率）の計算法を選択します。相対度数を行の合計に対する割合で計算するときは「行のパーセント」を選びます。相対度数を列の合計に対する割合で計算するときは「列のパーセント」を選びます。相対度数を全体の合計に対する割合で計算するときは「総計のパーセント」を選びます。ここでは，「日常苛立ち」の水準ごとにノンコンプライアンス行動をとる割合を求めたいので，「行のパーセント」を選びます。

手順5 独立性の検定を行う場合，「仮説検定」の項目から検定法を指定します（図6.14）。独立性のカイ2乗検定ならば「独立性のカイ2乗検定」のチェックボックスに，フィッシャーの正確検定ならば「フィッシャーの正確検定」のチェックボックスにチェックを付けます。カイ2乗検定の利用が妥当かを確認する

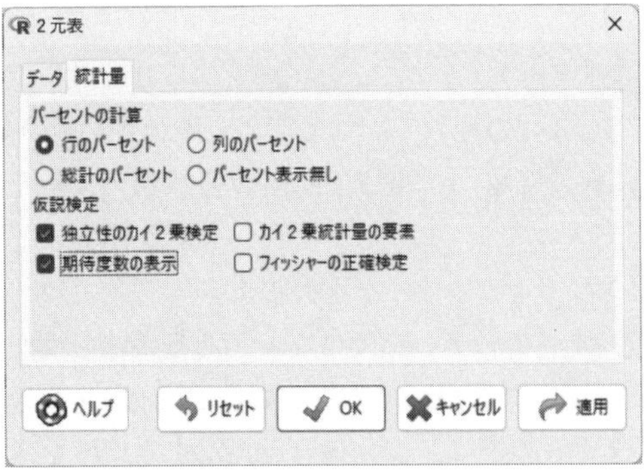

図6.14　2元分割表の設定

ための期待度数を出力するには「期待度数の表示」
のチェックボックスにチェックを付けます。

　期待度数に5未満のセルがあるとき，カイ2乗検
定ではp値の正確性に問題が発生する可能性があ
るので，警告が出ます。期待度数が5未満のセルの
割合がセルの総数の20%以下になるようにカテゴ
リーを合併して対処します。2行2列の分割表の場
合，データが多すぎなければ，正確なp値が求まる
フィッシャーの正確検定を用いるのが望ましいで
しょう。ここでは検定法として「独立性のカイ2乗
検定」を選びます。

手順6　OKボタンをクリックすると，出力ウィンドウに
分割表と検定結果が出力されます（図6.15）。

```
Frequency table:
             ノンコンプライアンス
日常苛立ち なし あり
          0   79   39
          1   55   34
          3   34   38
          6   34   24

Row percentages:
             ノンコンプライアンス
日常苛立ち なし あり Total Count
          0 66.9 33.1   100   118
          1 61.8 38.2   100    89
          3 47.2 52.8   100    72
          6 58.6 41.4   100    58

          Pearson's Chi-squared test

data: .Table
X-squared = 7.4341, df = 3, p-value = 0.05928
```

図6.15 ２元分割表の出力

　出力の最初の表は「分割表」と呼ばれ，たとえば「日常苛立ち」が１の患者のうち，ノンコンプライアンス「なし」が55人，「あり」が34人であることを示しています。

　つぎの表は，行ごとの割合を示した相対度数の分割表です。この表から，日常苛立ちごとが多いとノンコンプライアンス行動をとる割合が増える傾向がみられます。

　しかし，カイ２乗検定のp値が0.05928と有意水準５％より大きいので，「日常苛立ちごととノンコンプライアンス行動は独立である（関連性がない）」という帰無仮説は受け入れられ，日常苛立ちごととノンコンプライアンス行動との有意な関連性は認められませんでした。

　なお，すべてのセルの期待度数が５以上なので，カイ２乗検定の適用に問題はありません。

2×2分割表

　2つのカテゴリーからなる2変数から作成した2行2列の分割表を「2×2分割表」あるいは「四分表」といいます。2×2分割表は，2群間に比率の差があるか否かに関する分析に頻繁に使われます。

　例として「性別」と「ノンコンプライアンス」との解析例をみてみましょう。

　操作方法は上述した一般の分割表の場合と同じですが，「パーセントの計算」の設定において性別にノンコンプライアンス「あり」の比率が求まるように「行のパーセント」を選択します。また，「独立性のカイ2乗検定」「期待度数の表示」「フィッシャーの正確検定」のチェックボックスにチェックを付けましょう。

　出力された分割表（図6.16）をみると，ノンコンプライアンス行動をとる割合は，男性が42.9％，女性が38.5％で，男性の方が女性より4.4％高いことがわかります。

　出力の「Expected counts」は期待度数の分割表で，カイ2乗検定を適用する妥当性を判断するために参照します。この例では，期待度数が5未満のセルはありませんから，カイ2乗検定の結果は有効です。

　独立性の検定結果をみてみましょう。カイ2乗検定のp値は0.4387，フィッシャーの正確検定「Fisher's Exact Test」のp値は0.4856ですから，いずれも5％水準で有意ではありません。したがって，「性別」と「ノンコンプライアンス」に関連性は認められず，ノンコンプライアンス行

```
Frequency table:
        ノンコンプライアンス
性別 なし あり
  男   68   51
  女  134   84

Row percentages:
        ノンコンプライアンス
性別 なし あり Total Count
  男 57.1 42.9  100   119
  女 61.5 38.5  100   218

        Pearson's Chi-squared test

data:  .Table
X-squared = 0.59969, df = 1, p-value = 0.4387

Expected counts:
        ノンコンプライアンス
性別      なし        あり
  男  71.32938  47.67062
  女 130.67062  87.32938

        Fisher's Exact Test for Count Data
|
data:  .Table
p-value = 0.4856
alternative hypothesis: true odds ratio is not equal to 1
95 percent confidence interval:
 0.5180684 1.3524537
sample estimates:
odds ratio
 0.8362745
```

図6.16　2×2分割表の出力

動をとる割合に性差はないといえます。

　2×2分割表の場合は，最後にオッズ比「odds ratio」の推定値0.836，および95％信頼区間 [0.518, 1.352] が出力されます。オッズ比は2変数間の関連性の強さを表す指標で，関連性がない（独立な）とき値1をとります。独立性の検定の帰無仮説は「オッズ比は1に等しい」と同じです。

データの手入力による分析

2次元分割表のセルの度数を手入力して分析することもできます。この機能により，文献などに掲載されている分割表を自ら分析できます。

手順1 R コマンダーのメニューから「統計量」→「分割表」→「2元表の入力と分析」を選ぶと，「2元表を入力」ウィンドウが現れます。

手順2 「表」タブで，分割表の「行数」と「列数」をスライドバーで設定します。

手順3 「数を入力」で，分割表のセルの度数を入力します。

手順4 「統計量」タブに切り替えて，「2元表」における分析と同様に設定します。

手順5 OK ボタンをクリックすると，結果が出力されます。

▶ 6.2.2 多元分割表　3つ以上の質的変数間の関連性

3つ以上の質的変数間の関連性を調べるもととなる多元分割表を作成します。要因と考えられる変数（説明変数）と結果を表す変数（目的変数）との2元分割表を，その他のコントロール変数による層別に出力します。

コントロール変数とは，説明変数と目的変数の関連性に偏りを生じさせる変数のことで，偏りを除くためにその変数をコントロール（統制）するので「コントロール変数」（あるいは統制変数，制御変数など）と呼ばれます。質的変数の場合，コントロール変数で層別することによって，コン

トロール変数の影響を除いて説明変数と目的変数の関連性
を解析できるようになります。

　例として，3つの変数「性別」「日常苛立ち」「ノンコン
プライアンス」の関連性について吟味するための3元表を
作ります。

手順1 R コマンダーのメニューから「統計量」→「分割表」
→「多元表」を選ぶと，「多元分割表」ウィンドウが
現れます。

手順2 分割表を作る3変数を選択します。「行の変数（1
つ選択）」の枠から表側の変数を，「列の変数（1つ選
択）」の枠で表頭の変数を，「コントロール変数（1つ
以上を選択）」の枠でコントロール変数を選択しま
す。ここでは，行の変数に「日常苛立ち」，列の変数
に「ノンコンプライアンス」を選択します。コントロー
ル変数に「性別」を選びます。

手順3 「パーセントの計算」の項目で，求めたい相対度数
（百分率）を選択します。ここでは，日常苛立ちごと
がノンコンプライアンス行動に与える影響について
調べたいので，「行のパーセント」を選びます（図
6.17）。

手順4 OK ボタンをクリックすると，出力ウィンドウに
分割表が出力されます。多元分割表は，コントロー
ル変数の水準ごとに2元分割表の形で示されます
（図6.18）。

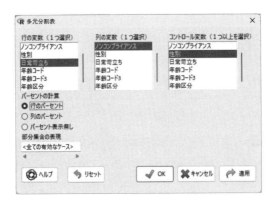

図6.17　多元分割表の設定

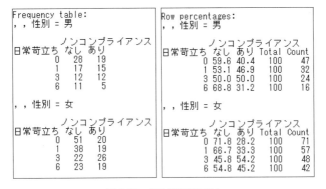

図6.18　多元分割表の出力

6.2.1項では「日常苛立ち」と「ノンコンプライアンス」には関連性は認められませんでしたが，今回の解析で得られた多元分割表では，性別が女性の場合に限ってみると（出力では最後の部分），「日常苛立ち」の値が高いほど，「ノンコンプライアンスあり」の割合が高いようにみえます。

そこでこの関連性をカイ2乗検定で調べます。具体的には，6.2.1項で示した手順3における「部分集合の表現」で，男性の場合「性別＝＝"男"」，女性の場合「性別＝＝"女"」とすると，それぞれの性で層別した解析ができます。

男性の場合，カイ2乗検定のp値は約0.64となり，5％水準で有意な関連は認められませんでした。一方，女性の場合，カイ2乗検定のp値は0.02となり，5％水準で有意な関連が認められました（図6.19）。

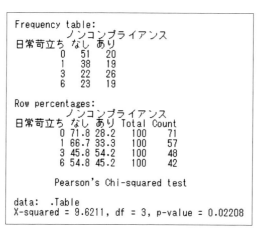

```
Frequency table:
        ノンコンプライアンス
日常苛立ち なし あり
     0    51   20
     1    38   19
     3    22   26
     6    23   19

Row percentages:
        ノンコンプライアンス
日常苛立ち なし あり Total Count
     0 71.8 28.2   100    71
     1 66.7 33.3   100    57
     3 45.8 54.2   100    48
     6 54.8 45.2   100    42

    Pearson's Chi-squared test

data: .Table
X-squared = 9.6211, df = 3, p-value = 0.02208
```

図6.19　層別解析の出力，女性の場合

性別でコントロールしなかったときは，有意な関連性は認められなかった「日常苛立ち」と「ノンコンプライアンス」に，女性の場合のみ日常苛立ちごとが多いとノンコンプライアンス行動をとる割合が高くなることがわかりました。

第 **7** 章

平均に関する推定と検定

　平均は分布の位置という最も重要な性質を表す指標です。そのため興味の対象となる集団（母集団）の平均に関する推測は，量的変数に対して最もよく利用される解析です。母集団について推測するために，母集団から抽出した一部を標本といいます。推測には標本から得られたデータを用います。本章では，1標本と2標本の場合における平均に関する推測法として，母集団において変数が正規分布に従うときの「t検定」と「区間推定」，および正規分布に従わないときの「ウィルコクソン検定」について説明します。

⫴ 7.1 1標本における母平均に関する推測 ⫴

　母集団における平均を「母平均」と呼びます。母平均の値を推定すること，および母平均が特定の値に等しいか否かを検定することによって，量的変数の分布に関する重要な情報が得られます。

　変数が正規分布に従っている場合と，従わない場合で解析方法が異なりますので，母平均の推測を行う前に，正規分布を前提にしてよいかを確認しておく必要があります。具体的な手法は5.4節「正規性の検定」で説明しました。

▶ 7.1.1　母平均に関するt検定

変数が正規分布に従う場合を考えます。母平均の推定値とその標準誤差および信頼区間を求めるとともに，母平均に関するt検定を実施します。

t検定とは，「母平均はある特定の値に等しい」という帰無仮説を検定する手法です。対立仮説はつぎのように両側検定の場合と2つの片側検定の場合の3種類が考えられます。

「母平均はある特定の値と異なる」（両側検定）
「母平均はある特定の値より小さい」（片側検定）
「母平均はある特定の値より大きい」（片側検定）

状況に応じてどの対立仮説を採用するかを決めます。

正規性を確認してある「健康統制感」を例にとって，母平均の95％信頼区間を求め，帰無仮説「母平均が100である」を有意水準5％で両側検定を行います。なお，母平均をギリシャ文字μ（ミュー）で表します。

手順1 ▶ Rコマンダーのメニューから「統計量」→「平均」→「1標本t検定...」を選ぶと，「1標本のt検定」ウィンドウが現れます。

手順2 ▶「変数（1つ選択）」の枠に表示された量的変数のリストから，検定したい変数を選択します。ここでは「健康統制感」を選びます。

手順3 「対立仮説」の項目で，母平均μに関する帰無仮説「μ=μ0」におけるμ0の値を「μ0=」の欄に入力します。この例では，100と入力します。

手順4 「対立仮説」の項目で対立仮説を選択します。対立仮説が「母平均はμ0と異なる」ならば「母平均μ≠μ0」を選びます（両側検定）。対立仮説が「母平均はμ0より小さい」ならば「母平均μ＜μ0」を選び，対立仮説が「母平均はμ0より大きい」ならば「母平均μ＞μ0」を選びます（片側検定）。いまの例では，両側検定なので「母平均μ≠μ0」を選びます。

手順5 「信頼水準」の欄に，信頼区間の信頼水準の値を入力します。ここでは，デフォルト値「.95」のままとします（図7.1）。

図7.1　1標本のt検定の設定

手順6 OKボタンをクリックすると，出力ウィンドウに検定結果および信頼区間が出力されます（図7.2）。

```
          One Sample t-test

data:  健康統制感
t = -11.468, df = 336, p-value < 2.2e-16
alternative hypothesis: true mean is not equal to 100
95 percent confidence interval:
 89.99854 92.92728
sample estimates:
mean of x
 91.46291
```

図7.2　1標本のt検定の出力

　はじめにt検定の結果が出力されています。すなわち，t検定統計量のt値が-11.468，自由度「df」が336であり，対立仮説「母平均が100と異なる」に対するp値は2.2×10^{-16}より小さいことが示されています。

　つぎの行には設定した対立仮説（alternative hypothesis）が表示されています。

　検定結果に続いて推定結果が出力されます。母平均の95％信頼区間（95 percent confidence interval）は [89.99854，92.92728] です。

　最後に標本平均の値91.46291が出力されます。

　以上の検定結果から，帰無仮説は5％水準で棄却され，健康統制感の母平均は100と異なると判断されます。そして，健康統制感の母平均は91.5と推定され，95％の確率で89.9から93.0までの間に存在することが推定されました。

▶ 7.1.2　1標本ウィルコクソン検定

　変数が正規分布に従わないとき，特定の分布を前提としない1標本ウィルコクソン検定を利用します。分布の位置の指標として平均ではなく中央値を使います。

帰無仮説は「母集団の中央値はある特定の値に等しい」です。対立仮説は，t検定と同じように両側検定の場合と2つの片側検定の場合の3種類が考えられます。状況に応じてどの対立仮説を採用するかを決めます。

　正規分布に従わないストレス反応得点を例にとって，帰無仮説「母中央値が30である」を有意水準5％で両側検定で行います。なお，母中央値をギリシャ文字μで表します。

手順1 Rコマンダーのメニューから「統計量」→「ノンパラメトリック検定」→「1標本Wilcoxon検定」を選ぶと「1標本Wilcoxon検定」ウィンドウが現れます。

手順2 「データ」タブで，「変数（1つ選択）」の枠に表示された変数のリストから，検定したい変数を選択します。ここでは「ストレス反応得点」を選びます。

手順3 「オプション」タブに切り替えます。「帰無仮説」の項目で，母中央値μに関する帰無仮説「$\mu = \mu0$」における$\mu0$の値を「$\mu0 =$」の欄に入力します。この例では，「30」と入力します。

手順4 「対立仮説」の項目で対立仮説を選択します。対立仮説が「母中央値は$\mu0$と異なる」ならば「両側」を選びます（両側検定）。対立仮説が「母中央値は$\mu0$より小さい」ならば「mu＜0」を選び，対立仮説が「母中央値は$\mu0$より大きい」ならば「mu＞0」を選びます（片側検定）。いまの例では，両側検定なので「両側」を選びます。

手順5 「検定のタイプ」の項目から，標本サイズを考慮してタイプを指定します。「デフォルト」は標本サイ

ズに応じて下記の3タイプからソフトが自動的に
選択する指定です。「正確」はp値を正確に計算す
る指定で，標本が小さいときに適します。「正規近
似」はp値を近似的に求める指定で，標本が大きい
ときに適します。「連続修正を用いた正規近似」は，
「正規近似」より近似の精度を高めてp値を求める
指定で，標本がある程度小さいときに適します。通
常「デフォルト」の設定で構いません（図7.3）。

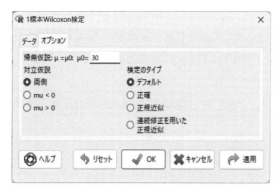

図7.3 1標本ウィルコクソン検定の設定

手順6 OK ボタンをクリックすると，出力ウィンドウに
検定結果が出力されます（図7.4）。

はじめに中央値（median）の推定値25および平均（mean）
の推定値34.89911が出力されています。その下には，検定
統計量Vの値およびp値（p-value）が出力されます。つぎの
行に設定した対立仮説（alternative hypothesis）が表示され

```
> with(PatientStress, median(ストレス反応得点, na.rm=TRUE))
[1] 25

> with(PatientStress, mean(ストレス反応得点, na.rm=TRUE))
[1] 34.89911

> with(PatientStress, wilcox.test(ストレス反応得点, alternati

        Wilcoxon signed rank test with continuity correction

data:  ストレス反応得点
V = 28410, p-value = 0.8792
alternative hypothesis: true location is not equal to 30
```

図7.4　1標本ウィルコクソン検定の出力

ています。p値0.8792は有意水準0.05より大きいので，帰
無仮説は5％水準で受容され，ストレス反応得点の中央値
は30と異なるとはいえないと判断されます。

7.2　独立な2標本における母平均に関する推測

　2つの集団で量的変数の平均に差異があるか否かを検定
し，差の値を推定します。

　たとえば，性別と健康統制感との関係や，性別とストレ
ス反応得点との関係のように，2カテゴリーの質的変数が
量的変数に影響を与える要因と考えられるとき，独立2標
本の母平均の差に関する検定が役立ちます。また，健康統
制感とノンコンプライアンスとの関係のように，量的変数
が2カテゴリーの質的変数に影響を与える要因と考えられ
るときも，同じ方法が使えます。

　はじめに，2つの変数について正規性が成り立っている
か否かを確認してから解析方法を選びます。正規分布の場
合，t検定を適用します。非正規の場合は，2標本ウィルコ

クソン検定（ウィルコクソンの順位和検定）を利用します。

　男女別に分布をみると，健康統制感は正規分布に従いますので，t検定が適用可能です。一方，男女別のストレス反応得点は正規分布に従わないことは明らかですので，ウィルコクソンの順位和検定を使います。

▶ 7.2.1　母平均の差に関するt検定と区間推定

　独立な２つの正規母集団の平均に差があるか否かを検定する方法について述べます。帰無仮説は「母平均の差はない」です。

　平均の差に関する検定には，２つの集団の分散が等しいときt検定を，分散が異なるときウェルチの方法を使います。あらかじめ，２つの分散が等しいか否かについて標本分散や層別グラフ，および等分散性の検定などによって確認しておきます（実際の手順は8.1節で解説します）。

　ここでは，男女間で健康統制感の母平均に差があるかについて，有意水準５％で検定しましょう。

手順1 ▶ Ｒコマンダーのメニューから「統計量」→「平均」→「独立サンプル t 検定」を選ぶと，「独立サンプルt 検定」ウィンドウが現れます。

手順2 ▶ 「データ」タブで，「グループ（１つ選択）」の枠に表示された因子のリストから，２群に分けている変数を選択します。ここでは「性別」を選択します。

手順3 ▶ 「目的変数（１つ選択）」の枠に表示された量的変数のリストから，検定したい変数を選択します。ここでは「健康統制感」を選択します。

手順4　「オプション」タブに切り替えます。「対立仮説」の項目から対立仮説を選択します。対立仮説が「2つの母平均が異なる」ならば「両側」を選びます（両側検定）。対立仮説が「母平均の差が負である」ならば「差＜0」を選び，対立仮説が「母平均の差が正である」ならば「差＞0」を選びます（片側検定）。いまの例では，両側検定なので「両側」を選びます。

手順5　「信頼水準」の欄に，求める信頼区間の信頼係数（信頼水準）の値を入力します。ここでは，デフォルト値「.95」のままとします。

手順6　「等分散と考えますか？」の項目で，2つの分散が等しければ「Yes」を選択してt検定が実行され，分散が異なればデフォルトの「No」を選択してウェルチの近似による検定が実行されます。ここでは「Yes」を指定します（図7.5）。

図7.5　独立2標本の母平均の差に関するt検定の設定

手順7　OK ボタンをクリックすると，出力ウィンドウに検定結果および信頼区間が出力されます（図7.6）。

```
        Two Sample t-test

data: 健康統制感 by 性別
t = 0.049249, df = 335, p-value = 0.9608
alternative hypothesis: true difference in means is not equal to 0
95 percent confidence interval:
 -2.991696  3.145347
sample estimates:
mean in group 男 mean in group 女
       91.51261        91.43578
```

図7.6　独立2標本の母平均の差に関するt検定の出力

　結果の出力を下からみていきます。男性群の標本平均が91.51261，女性群の標本平均が91.43578で，母平均の差の95％信頼区間が[−2.991696, 3.145347]です。また，t検定統計量が0.049249，自由度が335，両側検定のp値が0.9608ですから，5％有意水準で帰無仮説が受容されます。したがって，男女で健康統制感の母平均に差が認められないと結論されます。

　ウェルチの方法で検定した結果も同様の形式で出力されます。

▶ 7.2.2　2標本ウィルコクソン検定

　変数が正規分布に従わないとき，特定の分布を前提としない2標本ウィルコクソン検定（ウィルコクソンの順位和検定）を利用します。分布の位置の指標として平均ではなく中央値を使います。

　帰無仮説は「2つの母集団の分布は等しい」，つまり2つの中央値や平均が等しいことを意味します。対立仮説は，t検定と同じように両側検定の場合と2つの片側検定の場合の3種類が考えられます。

正規分布に従わないストレス反応得点を例にとって，帰無仮説「男女それぞれのストレス反応得点の分布は等しい」，対立仮説「男女のストレス反応得点の分布の位置（中央値）は異なる」を有意水準5％で両側検定で行います。

手順1 Rコマンダーのメニューから「統計量」→「ノンパラメトリック検定」→「2標本ウィルコクソン検定」を選ぶと，「2標本ウィルコクソン検定」ウィンドウが現れます。

手順2 「データ」タブで，「グループ（1つ選択）」の枠に表示された因子のリストから，2群に分けている変数を選択します。ここでは「性別」を選択します。

手順3 「目的変数（1つ選択）」の枠に表示された量的変数のリストから，検定したい変数を選択します。ここでは「ストレス反応得点」を選びます。

手順4 「オプション」タブに切り替えます。「対立仮説」の項目から対立仮説を選択します。いまの例では，両側検定なので「両側」を選びます。

手順5 「検定のタイプ」の項目から，標本サイズを考慮してタイプを指定します。それぞれのタイプの意味は，1標本ウィルコクソン検定の場合と同じです。通常「デフォルト」の設定で構いません（図7.7）。

手順6 OKボタンをクリックすると，出力ウィンドウに検定結果が出力されます（図7.8）。

　はじめに男女それぞれの中央値（median）の推定値19と31が出力されています。つぎに検定統計量Wの値とp値

図7.7　２標本ウィルコクソン検定の設定

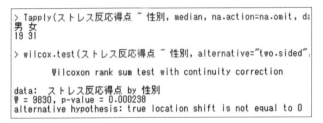

図7.8　２標本ウィルコクソン検定の出力

（p-value）および設定した対立仮説（alternative hypothesis）
が表示されています。p 値0.000238は有意水準0.05より小
さいので，帰無仮説は５％水準で棄却され，ストレス反応
得点の中央値に性差があると判断されます。

　したがって，男性より女性の方がストレス反応が強いと
いえます。

7.3　対応のある標本における平均の差に関する推測

　対応のある標本とは，同一の標本において2つの異なる条件の下で得られた2つの測定値をもつ標本をいいます。たとえば，同じ被験者に対して，安静時と運動後に測定した収縮期血圧（いわゆる「最高血圧」）の標本です。これら安静時と運動後の平均血圧に差があるか否かについて検定したり，その差を推定します。

　本節のみ，例としてバイタルサインのデータを用います。本書の特設サイトからRワークスペースファイル「バイタルサイン.RData」をダウンロードしてください。

　バイタルサインとは，生きていることを示すもので，ふつう脈拍数，呼吸数，体温，血圧を指します。データ解析の目的は，安静時と運動後の脈拍数，呼吸数，体温，収縮期血圧（最高血圧），拡張期血圧（最低血圧）を比較して，運動による影響を推測することです。

　Rワークスペースファイル「バイタルサイン」に含まれるデータの被験者は，A大学の1年生から無作為抽出された56名です。すべての対象者における安静時のバイタルサイン，および運動（1階から5階の階段昇降）直後のバイタルサインをデータとします。

　ファイルに含まれる変数はつぎの13変数です。

　ID，安静時収縮期血圧（mmHg），安静時拡張期血圧（mmHg），安静時脈拍数（回／分），安静時呼吸数（回／分），安静時体温（℃），運動後収縮期血圧（mmHg），運動後拡張期血圧（mmHg），運動後脈拍数（回／分），運動後

呼吸数（回／分），運動後体温（℃），身長（cm），体重（kg）。

　ただし，IDは個体識別のための数値ですから解析には使いません。そのほかの変数はいずれも数値変数です。

　なお，Mac版データファイルでの表記は，2バイト文字に起因するエラーを回避するため，1バイト文字のみを使用しています。変数名が変更されていますので，309ページ付録5をご覧ください。

　データをRコマンダーに読み込む方法は，第5章の冒頭で示した手順と同様です。

▶ 7.3.1　対応のある標本のt検定と区間推定

　対応のある観測値の差が正規分布に従う場合，t検定を適用できます。また，平均の差の信頼区間はt分布を用いて求めます。

　第1の変数の母平均と第2の変数の母平均の差を考えます。検定する帰無仮説は「差＝0」です。対立仮説は，両側検定で「差≠0」となり，片側検定では「差＜0」または「差＞0」となります。

　例として，安静時と運動後の間に収縮期血圧の母平均に差があるか有意水準5％で検定します。安静時と運動後の収縮期血圧の差は正規分布に従っています。したがって，ここではt検定を用いることができます。

　正規分布に従うかどうか，余裕がある方は自分でチェックしてみてください。14.1節で紹介する手順で「運動後収縮期血圧－安静時収縮期血圧」の変数を作り，その後5.4節「正規性の検定」の方法で確認します。

平均値の差に関する t 検定の手順は以下に示すとおりです。

手順1 R コマンダーのメニューから「統計量」→「平均」→「対応のある t 検定」を選ぶと、「対応のある t 検定」ウィンドウが現れます。

手順2 「データ」タブで、「第1の変数（1つ選択）」の枠に表示された量的変数のリストから、検定したい一方の変数「運動後収縮期血圧」を選択します。

手順3 「第2の変数（1つ選択）」の枠に表示された量的変数のリストから、検定したい他方の変数「安静時収縮期血圧」を選択します。

手順4 「オプション」タブに切り替えます。「対立仮説」の項目において該当するものを選択します。いまの例では、両側検定なので「両側」を選びます。

手順5 「信頼水準」の欄に信頼水準の値を入力します。ここでは、デフォルト値「.95」のままとします（図7.9）。

手順6 OK ボタンをクリックすると、出力ウィンドウに検定結果および信頼区間が出力されます（図7.10）。

出力の下からみていきます。差の標本平均は15.40351で、母平均の差の95％信頼区間が[12.48919, 18.31783]であることがわかります。検定結果は、t 検定統計量10.588と自由度56、p 値が 5.535×10^{-15} であるので、有意水準5％で帰無仮説を棄却することになります。したがって、安静時と運動後の収縮期血圧の平均に差があり、運動後に15mmHgほど高くなることがわかりました。

図7.9　対応のあるt検定の設定

```
        Paired t-test

data: 運動後収縮期血圧 and 安静時収縮期血圧
t = 10.588, df = 56, p-value = 5.535e-15
alternative hypothesis: true difference in means is not equal to 0
95 percent confidence interval:
 12.48919 18.31783
sample estimates:
mean of the differences
             15.40351
```

図7.10　対応のあるt検定の出力

▶ 7.3.2　ウィルコクソンの符号付き順位検定

　正規母集団でないときにも適用できる方法として，ウィルコクソンの符号付き順位検定（対応のある標本のウィルコクソン検定）があります。帰無仮説は「2つの中央値に差はない」です。

　安静時と運動後の間に呼吸数の中央値に差があるか有意水準5％で検定してみましょう。

　検定手順はつぎのとおりです。

手順1 R コマンダーのメニューから「統計量」→「ノンパラメトリック検定」→「対応のあるウィルコクソン検定」を選ぶと,「対応のあるウィルコクソン検定」ウィンドウが現れます。

手順2 「データ」タブで,「第1の変数（1つ選択）」の枠に表示された量的変数のリストから,検定したい一方の変数「運動後呼吸数」を選択します。

手順3 「第2の変数（1つ選択）」の枠に表示された量的変数のリストから,検定したい他方の変数「安静時呼吸数」を選択します。

手順4 「オプション」タブに切り替えます。「対立仮説」の項目で該当するものを選択します。いまの例では,両側検定なので「両側」を選びます（図7.11）。

図7.11 対応のあるウィルコクソン検定の設定

手順5 「検定のタイプ」の項目において該当するものを指定します。通常は標本サイズに応じて自動的にタイ

```
> with(VitalSign, median(運動後呼吸数 - 安静時呼吸数, na.rm=TF
[1] 10
> with(VitalSign, wilcox.test(運動後呼吸数, 安静時呼吸数, alte
+   paired=TRUE))

        Wilcoxon signed rank test with continuity correction

data:  運動後呼吸数 and 安静時呼吸数
V = 1427.5, p-value = 2.931e-10
alternative hypothesis: true location shift is not equal to 0
```

図7.12 対応のあるウィルコクソン検定の出力

プを選択する「デフォルト」で構いません。

手順6 OK ボタンをクリックすると，出力ウィンドウに
検定結果および信頼区間が出力されます（図7.12）。

まずはじめに，運動後呼吸数と安静時呼吸数の差の中央
値が10であることが出力されています。検定結果は，検定
統計量の値が$V=1427.5$で，両側検定のp値が2.931×10^{-10}
であるので，帰無仮説が棄却されます。したがって，安静
時と運動後の呼吸数の中央値に差があり，運動後は毎分10
回ほど増えることがわかりました。

第 **8** 章

分散に関する検定

データの散らばりを表す指標である分散が，集団によって等しいか否かを調べる検定法を紹介します。2つの集団における分散を比較する検定法として「F検定」，3つ以上の集団にも適用できる検定法として「バートレットの検定」と「ルビーンの検定」がRコマンダーで利用できます。いずれの検定法も変数が正規分布に従っていることを前提にしていますが，これらのうちルビーンの検定は正規分布からある程度ずれている場合でも安心して使えます。なお，母集団における分散（母分散と呼びます）の推定値として，「不偏分散」と呼ばれるものが出力されます。

8.1 等分散性に関する *F* 検定　2つの集団

平均の差に関する検定を行う際には，*t* 検定かウェルチの方法かを選択するために，2つの分散が等しいか否かを検討する必要があります。このときに用いられるのが *F* 検定です。

帰無仮説は「2つの母集団における分散は等しい」，対立仮説は「2つの母集団における分散は異なる」という両側検定を考えます。ただし，*F* 検定では2つの分散の比をとり

ますので，帰無仮説は「母分散の比は１に等しい」，対立仮説は「母分散の比は１と異なる」となります。例として，男性群と女性群の間で健康統制感の母分散に差があるか有意水準５％で検定してみましょう。

F検定の手順はつぎのとおりです。

手順1 Rコマンダーのメニューから「統計量」→「分散」→「分散の比のF検定」を選ぶと，「２つの分散の比のF検定」ウィンドウが現れます。

手順2 「データ」タブで，「グループ（１つ選択）」の枠に表示された因子のリストから，２群に分けている変数「性別」を選択します。

手順3 「目的変数（１つ選択）」の枠に表示された量的変数のリストから，検定したい変数「健康統制感」を選択します。

手順4 「オプション」タブに切り替えます。

手順5 「対立仮説」の項目から対立仮説を選択します。対立仮説が「２つの母分散が異なる」ならば「両側」を選びます（両側検定）。対立仮説が「母分散の比が１より小さい」ならば「比＜１」を選び，対立仮説が「母分散の比が１より大きい」ならば「比＞１」を選びます（片側検定）。いまの例では，両側検定なので「両側」を選びます。

手順6 「信頼水準」の欄に表示されている「.95」を変更したいとき，希望する数値を入力します（図8.1）。

手順7 OKボタンをクリックします。検定および区間推定の結果が出力ウィンドウに表示されます（図8.2）。

図8.1　等分散性のF検定の設定

```
> Tapply(健康統制感 ~ 性別, var, na.action=na.omit, data=PatientSt
    男       女
212.9299 173.3991

> var.test(健康統制感 ~ 性別, alternative='two.sided', conf.level=

        F test to compare two variances

data:  健康統制感 by 性別
F = 1.228, num df = 118, denom df = 217, p-value = 0.1952
alternative hypothesis: true ratio of variances is not equal to 1
95 percent confidence interval:
 0.9000029 1.7010485
sample estimates:
ratio of variances
         1.227976
```

図8.2　等分散性のF検定の出力

　F検定の結果の出力を下からみていきます。2つの分散の比（女性群に対する男性群の比）は1.227976で，その母分散の比の95％信頼区間は[0.9000029, 1.7010485]です。F検定統計量の値1.228と自由度（118, 217）より，両側検定のp値は0.1952となりますから，5％有意水準で帰無仮説は受容されます。したがって，両群における健康統制感の分散は等しいとみなせます。

||| 8.2　ルビーンの検定　3つ以上の集団 |||

　3つ以上の集団における等分散性の検定に，Rコマンダーでは「バートレットの検定」と「ルビーンの検定」が利用できますが，本書では頑健性があるルビーンの検定のみ扱います。

　帰無仮説は「すべての水準で分散は等しい」，対立仮説は「ある水準で分散が異なる」として，両側検定を行います。

　例として，年齢区分（青年，壮年，中年，高年）によって健康統制感の母分散に差があるかを有意水準5％で検定してみましょう。データセットの変数「年齢区分」と「健康統制感」を使います。

　ルビーンの検定の手順は以下のとおりです。

手順1 ▶ Rコマンダーのメニューから「統計量」→「分散」→「ルビーンの検定」を選ぶと，「ルビーンの検定」ウィンドウが現れます。

手順2 ▶「因子（1つ以上選択）」の枠に表示された因子のリストから，グループ分けする変数を選択します。ここでは「年齢区分」を選択します。

手順3 ▶「目的変数（1つ選択）」の枠に表示された量的変数のリストから，検定したい変数を選択します。ここでは「健康統制感」を選択します。

手順4 ▶「中心的傾向」の項目で「メディアン」を選択します（図8.3）。

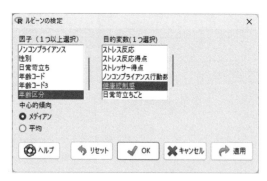

図8.3 ルビーンの検定の設定

手順5 OK ボタンをクリックすると，出力ウィンドウに
各水準の不偏分散と検定結果が出力されます（図
8.4）。

```
> Tapply(健康統制感 ~ 年齢区分, var, na.action=na.omit, data=PatientStress) # v
    青年     壮年     中年     高年
166.8805 152.5515 189.6079 202.5386

> leveneTest(健康統制感 ~ 年齢区分, data=PatientStress, center="median")
Levene's Test for Homogeneity of Variance (center = "median")
      Df F value Pr(>F)
group  3  0.3037 0.8228
     333
```

図8.4 ルビーンの検定の出力

出力のはじめに，年齢区分の各水準における健康統制感
の不偏分散が表示されます。ルビーンの検定における p 値
は，表の「Pr(>F)」に記載された0.8228です。したがって，
p 値は有意水準0.05より大きいので，等分散性が成り立っ
ているとみなせます。

分散分析

分散分析は，群が３つ以上のときに各群における量的変数の平均に差があるかを検定する方法です。つまり分散分析は，目的変数である量的変数が説明変数である因子によって影響されるかを調べる手法です。たとえば，年齢区分の青年，壮年，中年，高年という４つの群の違いが，健康統制感に影響があるかを調べます。この場合は，健康統制感が目的変数であり，年齢区分が説明変数となります。

本章では，因子が１つのときの１元配置分散分析と，因子が２つ以上のときの多元配置分散分析について説明します。

分散分析の適用にあたって目的変数が正規分布に従うことを仮定します。正規分布を仮定できないときに使える方法としては，１元配置分散分析にあたるクラスカル・ウォリス検定を扱います。

9.1　１元配置分散分析

１元配置分散分析は，３つ以上の水準をもつある１つの因子によってグループ分けされた群の平均に関して検定し

ます。帰無仮説は「各群の平均はすべて等しい」，対立仮説は「各群の平均で異なるものがある」です。

▶ 9.1.1 1元配置分散分析 正規分布の場合

例として，年齢区分の4群（青年，壮年，中年，高年）における健康統制感の平均が等しいか否かについて分析してみましょう。使う変数は「年齢区分」と「健康統制感」です。平均値プロット（84ページ図5.28）をみると，年齢とともに健康統制感の平均が大きくなるようですが，果たしてどうでしょうか。

手順1 Rコマンダーのメニューから「統計量」→「平均」→「1元配置分散分析」を選ぶと，「1元配置分散分析」ウィンドウが現れます。

手順2 「モデル名を入力」の欄にデフォルトのモデル名「AnovaModel.1」と記載されています。必要ならばモデル名を入力します。デフォルトのままの場合，あらたに別のモデルで分析すると自動的に「AnovaModel.」のあとの番号が変わって，モデルが識別できるようになっています。ここではデフォルトのままで構いません。

手順3 「グループ（1つ選択）」の枠に表示された因子のリストから，群に分けている変数を選択します。ここでは「年齢区分」を選びます。

手順4 「目的変数（1つ選択）」の枠に表示された量的変数のリストから，検定したい変数を選択します。ここでは「健康統制感」を選択します。

手順5 各水準間で2組ずつの平均を比較する場合，「2
組ずつの平均の比較(多重比較)」のチェックボック
スにチェックを付けます。多重比較とは，分散分析
で帰無仮説が棄却されたときに，どの群の平均が異
なるかをみるために2群ずつ平均を比較する検定
です。ここでは予め多重比較をする前提でチェック
を付けておきましょう(図9.1)。

手順6 各群における分散がすべて等しいと仮定できない
とき，「Welchの等分散を仮定しないF検定」のチェ
ックボックスにチェックを付けます。ここでは等分
散性が確認されているので，チェックを付けません。

手順7 OKボタンをクリックすると，出力ウィンドウに
解析結果が出力されます(図9.2)。さらに「2組ず
つの平均の比較(多重比較)」を指定した場合は，平
均の差の信頼区間を表す図が出力されます。

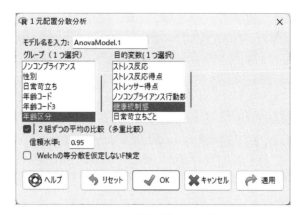

図9.1　1元配置分散分析の設定

```
> AnovaModel.1 <- aov(健康統制感 ~ 年齢区分, data=PatientStress)
> summary(AnovaModel.1)
             Df Sum Sq Mean Sq F value   Pr(>F)
年齢区分       3   4478    1493    8.53 0.0000179 ***
Residuals   333  58275     175
---
Signif. codes:  0 '***' 0.001 '**' 0.01 '*' 0.05 '.' 0.1 ' ' 1
> with(PatientStress, numSummary(健康統制感, groups=年齢区分, sta
           mean       sd data:n
青年    89.57895 12.91822    171
壮年    89.86047 12.35117     43
中年    91.26582 13.76982     79
高年   100.70455 14.23161     44
```

図9.2　1元配置分散分析の出力

　出力された分散分析表にある Pr(>F) が，F検定の p 値
0.0000179です。p 値は有意水準より小さく，帰無仮説「す
べての水準の母平均が等しい」が棄却されることを示して
います。

　各水準における標本平均（mean），標準偏差（sd），標本
の大きさ（n）の出力をみると，高年群の平均がほかの3群
より大きいことがわかります。

　帰無仮説が棄却されたので，群による平均の相違を識別
するために多重比較を行います。結果の解釈に必要な情報
として水準間の平均の差の推定値などの数値（図9.3），お
よび信頼区間のグラフ（図9.4）を参照します。

　予想されたとおり，Pr(>|t|)で示される p 値および信頼区
間のグラフより，「高年」と「青年」，「高年」と「壮年」，「高
年」と「中年」の水準間に，有意差が認められました。すな
わち，高年群は他の3群より健康統制感の平均が高いこと
がわかりました。

```
       Simultaneous Tests for General Linear Hypotheses

Multiple Comparisons of Means: Tukey Contrasts


Fit: aov(formula = 健康統制感 ~ 年齢区分, data = PatientStress)

Linear Hypotheses:
             Estimate Std. Error t value Pr(>|t|)
壮年 - 青年 == 0   0.2815     2.2568   0.125    0.999
中年 - 青年 == 0   1.6869     1.7996   0.937    0.779
高年 - 青年 == 0  11.1256     2.2362   4.975   <0.001 ***
中年 - 壮年 == 0   1.4054     2.5070   0.561    0.942
高年 - 壮年 == 0  10.8441     2.8367   3.823   <0.001 ***
高年 - 中年 == 0   9.4387     2.4885   3.793   <0.001 ***
---
Signif. codes:  0 '***' 0.001 '**' 0.01 '*' 0.05 '.' 0.1 ' ' 1
(Adjusted p values reported -- single-step method)
                           .
                           .
                           .
```

図9.3　多重比較の出力

95% family-wise confidence level

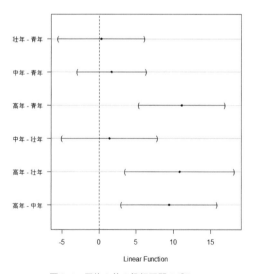

図9.4　平均の差の信頼区間のグラフ

▶ 9.1.2　クラスカル・ウォリス検定

　目的変数が正規分布に従わないとき，1元配置分散分析のかわりにクラスカル・ウォリス検定を適用します。この検定は，2標本ウィルコクソン検定に相当します。

　例として，年齢区分（青年，壮年，中年，高年）におけるストレス反応得点の中央値が等しいか否かについて分析してみましょう。使う変数は「年齢区分」と「ストレス反応得点」です。解析手順は以下のとおりです。

手順1　Rコマンダーのメニューから「統計量」→「ノンパラメトリック検定」→「クラスカル－ウォリスの検定」を選ぶと，「クラスカル・ウォリスの順位和検定」ウィンドウが現れます。

手順2　「グループ（1つ選択）」の枠に表示された因子のリストから，群に分けている変数を選択します。ここでは「年齢区分」を選びます。

手順3　「目的変数（1つ選択）」の枠で，分析の対象となる変数を選択します。ここでは「ストレス反応得点」を選択します。

手順4　OKボタンをクリックします。検定の結果が出力ウィンドウに表示されます（図9.5）。

　はじめに群別にストレス反応得点の中央値が出力されます。年齢とともにストレス反応得点が低くなる傾向があるようです。

```
> Tapply(ストレス反応得点 ~ 年齢区分, median, na.action=na.omit, 
青年 壮年 中年 高年
33.0 27.0 15.0 11.5

> kruskal.test(ストレス反応得点 ~ 年齢区分, data=PatientStress)

        Kruskal-Wallis rank sum test

data: ストレス反応得点 by 年齢区分
Kruskal-Wallis chi-squared = 47.672, df = 3, p-value = 2.501e-10
```

図9.5　クラスカル・ウォリス検定の出力

　つぎにクラスカル・ウォリス検定の結果が出力されます。p値が2.501×10^{-10}であることから、５％有意水準で帰無仮説が棄却されることがわかります。やはり年齢によってストレス反応得点に差があります。

　クラスカル・ウォリス検定において帰無仮説が棄却された場合、さらに多重比較を行うには、各２群の比較に「２標本ウィルコクソン検定」を適用します。この例では４群ありますので、比較するペアの数は６です。したがって、２標本ウィルコクソン検定を６回行うことになります。

　ここで注意が必要なのは、すべての検定を行ったときの帰無仮説を誤って棄却する確率がクラスカル・ウォリス検定の有意水準以下になるように、ウィルコクソン検定の有意水準を補正することです。

　具体的には、６回の検定を行う場合、各ウィルコクソン検定の有意水準は、クラスカル・ウォリス検定の有意水準５％をウィルコクソン検定の回数で割って、0.05/6＝0.0083と設定します。このような補正法を「ボンフェローニ補正」といいます。

9.2　多元配置分散分析

　多元配置分散分析は，2つ以上の因子の組み合わせでグループ分けをして，グループ間で母平均の差について推測する方法です。本書では，「2元配置分散分析」と呼ばれる2因子の場合を扱います。

　2つの因子「性別」と「年齢区分」が「健康統制感」に与える効果の有無を検討するために2元配置分散分析を適用します。この場合，「性別」の2水準と「年齢区分」の4水準を組み合わせて，2×4=8グループになります。2つの因子によって「健康統制感」の平均におけるグループ間の差異を説明できるかが課題です。1元配置分散分析との違いは，各因子の単独の効果（「主効果」といいます）だけではなく，2因子の組み合わせによって異なる効果（「交互作用」といいます）を考慮する点です。平均値プロット（86ページ図5.31）をみてください。

　多元配置分散分析の解析手順は以下のとおりです。

手順1 Rコマンダーのメニューから「統計量」→「平均」→「多元配置分散分析」を選ぶと，「多元配置分散分析」ウィンドウが現れます。

手順2 「モデル名を入力」の欄にデフォルトのモデル名が記載されています。必要ならばモデル名を入力します。デフォルトのままの場合，別のモデルで分析すると自動的に「AnovaModel.」のあとの番号が変わって，モデルが識別できるようになっています。

手順3 「因子（1つ以上選択）」の枠に表示された因子のリ

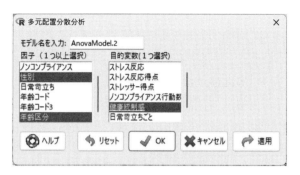

図9.6　多元配置分散分析の設定

ストから，グループ分けに用いる変数を選択しま
す。ここでは「性別」と「年齢区分」を選びます。

手順4 「目的変数（1つ選択）」の枠に表示された量的変数
のリストから，検定したい変数を選択します。ここ
では「健康統制感」を選択します（図9.6）。

手順5 OK ボタンをクリックすると，出力ウィンドウに
解析結果の出力が現れます（図9.7）。

はじめに分散分析表が出力されます。つぎに，各水準の
組み合わせによる8グループそれぞれの標本平均，標準偏
差，標本サイズの出力が表の形で得られます。

分散分析表の1行目は「性別」の主効果に関する検定結果
を表しています。p 値は0.7974と有意な効果は認められま
せん。2行目は「年齢区分」の主効果に関する結果で，p 値
は0.00001653と有意な効果が認められます。3行目は「性
別」と「年齢区分」の交互作用に関する検定結果で，p 値は
0.1359ですので有意な交互作用は認められません。したが

```
> AnovaModel.2 <- lm(健康統制感 ~ 性別*年齢区分,

> Anova(AnovaModel.2)
Anova Table (Type II tests)

Response: 健康統制感
              Sum Sq  Df  F value     Pr(>F)
性別              11   1   0.0660    0.7974
年齢区分         4489   3   8.5936  0.00001653 ***
性別:年齢区分     973   3   1.8619    0.1359
Residuals      57291 329
---
Signif. codes:  0 '***' 0.001 '**' 0.01 '*' 0.05

> Tapply(健康統制感 ~ 性別 + 年齢区分, mean, na.a
        年齢区分
性別       青年      壮年      中年      高年
  男  91.82000 86.94737 90.31250  97.61111
  女  88.65289 92.16667 91.91489 102.84615

> Tapply(健康統制感 ~ 性別 + 年齢区分, sd, na.act
        年齢区分
性別       青年      壮年      中年      高年
  男  13.96013 13.17183 15.54689 15.03775
  女  12.40478 11.41192 12.55220 13.52536

> xtabs(~ 性別 + 年齢区分, data=PatientStress) #
        年齢区分
性別 青年 壮年 中年 高年
  男   50   19   32   18
  女  121   24   47   26
```

図9.7　多元配置分散分析の出力

って，年齢が与える健康統制感への効果のみが認められま
した。

第 10 章

回帰分析

回帰分析は，現象のメカニズムや因果関係の解明，予測をするために利用される重要な手法です。たとえば，外来患者の心理的ストレス反応に対する要因とその影響の大きさを知ることができれば，患者のストレス軽減策について示唆を得ることができるでしょう。具体的にはストレス反応の要因として，性別，年齢，日常苛立ちごと，健康統制感，ストレッサー得点を考えます。

10.1 回帰モデルとは何か

回帰分析によってデータから，ストレス反応を目的変数とし，要因を説明変数とする両者の関係を記述する式 (これを「回帰モデル」と呼びます) を求めます。モデルの候補はたくさん考えられます。その中から現象をよく説明できて，目的変数の予測に優れる「良い」モデルをいかに探るかがポイントになります。

モデルの中でも最も簡単なモデルが線形回帰モデルです。線形回帰とは，説明変数と目的変数が直線関係にある，すなわち説明変数の増えた分と目的変数の増えた分 (あるいは減った分) が比例するモデルです。最も簡単で扱いや

すいため，現象の第一近似としてモデリングの最初に考慮されます。

　説明変数が1つしかない最も単純な回帰モデルを「単回帰モデル」，説明変数が2つ以上である回帰モデルを「重回帰モデル」と呼びます。

　説明変数をx，目的変数をyとする単回帰モデルを考えましょう。説明変数と目的変数に相関関係があると，両者は直線関係にあるので，モデルは1次式

$$y = \beta_0 + \beta_1 x + \varepsilon \qquad （式1）$$

で表せます。ここで，β_0とβ_1は回帰係数と呼ばれる定数で，β_0は直線のグラフのy切片，β_1は直線の傾きです。また，εはyの観測値と直線からのずれである誤差です。各観測値の誤差は無相関で，平均が0で分散が等しい正規分布に従うと仮定します。

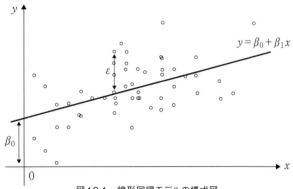

図10.1　線形回帰モデルの模式図

　単回帰モデルの $y=\beta_0+\beta_1 x$ を「回帰式」と呼び，説明変数の値が与えられたときの目的変数の条件付き平均になっています。説明変数の値が 1 大きくなると，目的変数の変化量が平均して β_1 であることから，回帰係数 β_1 は説明変数の目的変数への効果を示しています。したがって，回帰式によって目的変数の条件付き平均を計算し，目的変数の予測値が得られます。

　つぎに重回帰モデルについて説明しましょう。説明変数が m 個（$m\geq2$）あって $x_1, \cdots, x_m$ と記します。単回帰モデル（式 1 ）から説明変数を増やすと，重回帰モデル

$$y=\beta_0+\beta_1 x_1+\cdots+\beta_m x_m+\varepsilon$$

が得られます。定数 $\beta_1, \cdots, \beta_m$ はそれぞれ説明変数 $x_1, \cdots, x_m$ の回帰係数です。たとえば，説明変数の値 x_1 が 1 大きくなったとき，ほかの説明変数 $x_2, \cdots, x_m$ の値が変わらないとしたら，目的変数の変化量が平均して β_1 となることを意味します。つまり回帰係数 β_1 は，説明変数 x_1 が目的変数 y に与える効果を示しています。このように，データから推定される回帰係数 $\beta_1, \cdots, \beta_m$ は，データから現象を解釈する上でとても大切な量です。

　さらに回帰分析では，データから回帰係数などの回帰モデルのパラメータを推定した後，モデルが妥当か否かについて吟味する「モデル診断」を行います。回帰モデルでは，誤差に関する仮定が成り立っているかを検討します。また，妥当なモデルが複数ある中で，最も良いモデルを選択したりします。このようにデータにモデルを当てはめただけで解析が終わるのではなく，モデルの診断が重要です。

ストレス反応データについてのこれまでのまとめ

外来患者の心理的ストレス反応について回帰分析を行うにあたって，これまでのデータ解析で得られたことをまとめてみましょう。

まずは，ストレス反応の要因として取り上げた変数の分布を調べました。

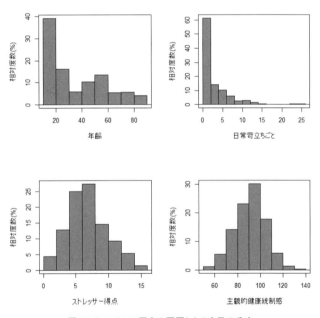

図10.2　ストレス反応の要因となる変数の分布

　年齢（図10.2上左）と日常苛立ちごと（図10.2上右）の分布は大きく歪んでいました。そこで，年齢は青年（15 − 24歳），壮年（25 − 44歳），中年（45 − 64歳），高年（65歳以上）の4水準からなる因子に変換した「年齢区分」を解析に用いることにします。また，日常苛立ちごとは0回，1 − 2回，3 − 5回，6回以上の4水準からなる因子に変換した「日常苛立ち」を用います。

　ストレッサー得点（図10.2下左）と主観的健康統制感（図10.2下右）は，正規分布に従っているので変換の必要はありません。

　つぎに，目的変数とする「ストレス反応」との関連のまとめです。

　「ストレス反応」は，測定された「ストレス反応得点」の分布が歪んでいたため，これを平方根変換することによって得た量的変数で，正規分布に従っているとみなします。

　因子「性別」「年齢区分」「日常苛立ち」のいずれにおいても「ストレス反応」との間に図10.3で示されるような有意な関連性が認められましたので，回帰モデルの説明変数の候補となります。

　ストレッサー得点とストレス反応には弱いながら有意な正の相関が認められましたので，ストレッサー得点は回帰モデルの説明変数の候補となります（図10.4）。他方，健康統制感とストレス反応との相関はまったく認められず（125ページ図6.10参照），回帰モデルの説明変数の候補から外してよさそうにみえます。しかし，健康統制感は年齢と関連があるので（167ページ図9.3，図9.4参照），説明変数の候補に残しておきます。

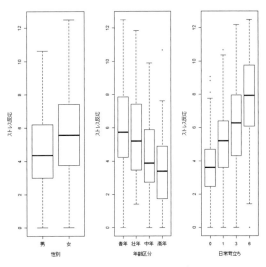

図10.3　ストレス反応の箱ひげ図

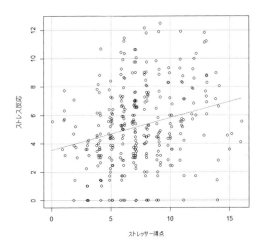

図10.4　ストレッサー得点とストレス反応の散布図

10.2　回帰モデルの当てはめ

　外来患者の心理的ストレス反応に対するストレッサー得点，健康統制感，日常苛立ち，性別，年齢区分の影響を推測します。本節では，「ストレス反応」を目的変数とする回帰モデルをデータに当てはめます。

▶ 10.2.1　線形回帰　説明変数が量的変数のみの場合

　説明変数が量的変数のみで1次式の回帰モデルの場合，Rコマンダーの「線形回帰」を用いるのが簡便です。他方，説明変数に「日常苛立ち」のような質的変数を含む場合は「線形モデル」を利用します（10.2.2項で説明します）。

単回帰分析　説明変数が1つの場合

　まず，説明変数を1つだけ考える単回帰モデルで分析することから始めましょう。2つの変数の相関関係を表す直線の式をデータから推測するのが単回帰分析です。いわゆる直線の当てはめで，図10.4のように散布図にプロットされた観測値の真ん中を通る直線を求めます。Rコマンダーでは最小2乗法という方法によって直線を推定します。この直線を「回帰直線」と呼びます。

　「ストレッサー得点」が説明変数の場合，線形回帰の手順は以下のとおりです。

手順1　Rコマンダーのメニューから「統計量」→「モデルへの適合」→「線形回帰」を選ぶと，「線形回帰」ウィンドウが現れます（図10.5）。

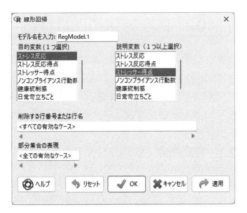

図10.5　線形回帰の設定

手順2 「モデル名を入力」の欄にデフォルトのモデル名「RegModel.1」と記載されています。必要ならばモデル名を上書きして入力します。デフォルトのままの場合, 別のモデルで分析すると自動的に「RegModel.」のあとの番号が変わって, モデルが識別できるようになっています。ここではデフォルトの「RegModel.1」で構いません。

手順3 「目的変数(1つ選択)」の枠から目的変数を選択します。ここでは「ストレス反応」を選択します。

手順4 「説明変数(1つ以上選択)」の枠で, 説明変数を選択します。ここでは「ストレッサー得点」を選択します。

手順5 分析対象から除外したいケースがある場合, 「削除する行番号または行名」の欄で指定します。また, 分析対象を一部のケースに絞りたい場合は, その条

件を論理式で「部分集合の表現」の欄に入力します。

手順6 OK ボタンをクリックすると，出力ウィンドウに回帰分析の推測結果が出力されます（図10.8）。

手順7 つぎに回帰係数の信頼区間を求めます。R コマンダーのメニューの下にある「モデル」ボタンに当該モデル名が表示されていることを確認します（図10.6）。もし異なるモデル名のときは，R コマンダーのメニューから「モデル」→「アクティブモデルを選択」を選び，現れたウィンドウのモデルのリストから信頼区間を求めたいモデルを1つ選択します。

手順8 R コマンダーのメニューから「モデル」→「信頼区間」を選びます。「信頼区間」ウィンドウで，デフォルトの値「0.95」を変更したければ「信頼水準」の欄に信頼水準の値を入力します（図10.7）。

手順9 OK ボタンをクリックすると，出力ウィンドウに回帰係数の信頼区間が出力されます（図10.9）。

図10.6　モデルがセットされていることを確認

図10.7　信頼水準の設定

```
> RegModel.1 <- lm(ストレス反応~ストレッサー得点, data=PatientStress)

> summary(RegModel.1)

Call:
lm(formula = ストレス反応 ~ ストレッサー得点, data = PatientStress

Residuals:
    Min      1Q  Median      3Q     Max
-6.7497 -1.8334 -0.2208  1.7854  6.8829

Coefficients:
                Estimate Std. Error t value   Pr(>|t|)
(Intercept)      3.55031    0.38024   9.337    < 2e-16 ***
ストレッサー得点  0.22853    0.04806   4.755 0.00000295 ***
---
Signif. codes:  0 '***' 0.001 '**' 0.01 '*' 0.05 '.' 0.1 ' ' 1

Residual standard error: 2.687 on 335 degrees of freedom
Multiple R-squared:  0.06323, Adjusted R-squared:  0.06044
F-statistic: 22.61 on 1 and 335 DF,  p-value: 0.000002949
```

図10.8　線形回帰の出力1

```
> library(MASS, pos=16)

> Confint(RegModel.1, level=0.95)
                     Estimate      2.5 %     97.5 %
(Intercept)        3.5503052 2.802338 4.2982727
ストレッサー得点    0.2285298 0.133996 0.3230637
```

図10.9　線形回帰の出力2

　出力（図10.8）のはじめに，目的変数の実際の観測値と回帰モデルによる予測値の差である残差（Residuals）の五数要約（最小値，第1四分位数，中央値，第3四分位数，最大値）が出力されます。

　回帰モデルが妥当であれば，残差はモデルの誤差にあたります。したがって，誤差は平均0の正規分布に従うという仮定から，中央値は0に近く，第1四分位数および第3四分位数の絶対値が近いことが望ましいことになります。中央値は−0.2208で0に近く，第1四分位数および第3四分位数の絶対値はどちらも約1.8と近い値になってい

ますので，残差の五数要約から判断する限り，このモデル
に問題はなさそうです。

　つぎに，回帰係数（Coefficients）の推定結果として推定
値と標準誤差が出力され，続く t 値および対応する p 値の出
力より，各回帰係数について帰無仮説「回帰係数が 0 に等
しい」を両側検定できます。

　「（Intercept）」は y 切片を表す定数項です。この例では，
3.55031（約 3.55）と表示されています。

　「ストレッサー得点」の回帰係数の推定値は 0.22853（約
0.23）です。この推定値には誤差（Error）が 0.04806 ある
ことを考慮して，回帰係数が 0 であるという仮説を検定す
ると，p 値 0.00000295 から 5 ％水準で有意であることがわ
かります。

　また 95 ％信頼区間の出力（図 10.9）から回帰係数の信頼
区間は [0.133996, 0.3230637] とわかります。なお，表示
されている 2.5 ％，97.5 ％の意味は，回帰係数がその数値以
下になる確率がそれぞれ 2.5 ％，97.5 ％であることを意味
しており，この 2 つの数値の外にある確率は 5 ％であるこ
とを示しています。

　以上のデータから回帰式

$$y = 3.55 + 0.23x$$

が得られました。回帰係数 0.23 は，「ストレッサー得点」の
値が 1 大きいと「ストレス反応」の値が平均して 0.23 高く
なることを意味します。これがストレッサー得点のストレ
ス反応への効果です。

　また，回帰式を利用して，たとえば，ストレッサー得点

が10点の人のストレス反応を

$$\hat{y} = 3.55 + 0.23\,x = 3.55 + 0.23 \times 10 = 5.85$$

のように予測した上で，ストレス反応得点の予測値 $\hat{y}^2 = 5.85^2 \approx 34$ が得られます（$\hat{y}$ は「y ハット」と読みます）。

　第3に，回帰モデルを評価するための統計量，すなわち，残差の標準誤差（Residual standard error），決定係数（Multiple R-squared），自由度調整済み決定係数（Adjusted R-squared），F 検定統計量（F-statistic）とその p 値（p-value）が出力されます。まず注目すべき量は決定係数と F 検定の p 値です。

　決定係数は，目的変数の観測値と予測値の相関係数 R を2乗した値で，モデルが目的変数の変動をどれくらい説明できているかを表しています（値が1に近いほど説明力があります）。

　F 検定は，帰無仮説「すべての説明変数の回帰係数は0である（すなわち回帰モデルに説明力がない）」を検定します。

　この例では，決定係数の値0.06323は，説明変数「ストレッサー得点」によって目的変数「ストレス反応」の変動の6.3％が説明できることを示しています。そして F 検定の p 値0.000002949より有意水準5％で帰無仮説が棄却され，モデルに有意な説明力があることがわかります。したがって，ストレッサー得点が高くなると，ストレス反応が高くなる傾向がありますが，ストレッサー得点の影響は小さいといえます。

重回帰分析　説明変数が2つ以上の場合

　説明変数が2つ以上の重回帰分析について説明します。例として，「ストレッサー得点」と「健康統制感」の2つを説明変数，「ストレス反応」を目的変数とする重回帰分析を取り上げます。なお，事前の分析で「健康統制感」は「ストレス反応」と相関がないことがわかっていますが，ここでは説明変数に加えました。

　上述したRコマンダー「線形回帰」の操作手順の手順4において，説明変数として「ストレッサー得点」と「健康統制感」を選択します。そのほかの操作法は同じです。

　出力は図10.10のようになります。

```
Call:
lm(formula = ストレス反応 ~ ストレッサー得点 + 健康統制感, data

Residuals:
    Min      1Q  Median      3Q     Max
-6.7488 -1.8323 -0.2206  1.7867  6.8849

Coefficients:
                  Estimate Std. Error t value  Pr(>|t|)
(Intercept)      3.5639982  1.0523008   3.387  0.000791 ***
ストレッサー得点  0.2285325  0.0481304   4.748 0.0000305 ***
健康統制感      -0.0001499  0.0107407  -0.014  0.988871
---
Signif. codes:  0 '***' 0.001 '**' 0.01 '*' 0.05 '.' 0.1 ' ' 1

Residual standard error: 2.691 on 334 degrees of freedom
Multiple R-squared:  0.06323,	Adjusted R-squared:  0.05762
F-statistic: 11.27 on 2 and 334 DF,  p-value: 0.0000183
```

図10.10　重回帰分析の出力

　重回帰分析の出力と単回帰分析の出力との相違は，回帰係数の推定と検定結果の表において「健康統制感」の回帰係数の結果が追加されたことです。「健康統制感」の回帰係数

の推定値はほとんど0であり，p値より有意ではありません。そのため，「ストレッサー得点」の回帰係数の推定値は単回帰モデルのときと変化がなく，重回帰モデルの説明率も6.3%と改善がみられません。したがって，「健康統制感」は「ストレス反応」への効果がないと考えられます。

ブートストラップ信頼区間
誤差が正規分布に従わない場合の信頼区間

　回帰モデルでは通常，誤差が正規分布に従っていることを前提にしています。このとき，回帰係数の信頼区間は181ページに記した手順8により求められます。

　ところが，誤差が正規分布に従わない場合は，上記の方法による信頼区間は妥当ではありません。しかし，ブートストラップ法という誤差の分布を仮定しない方法を使えば，信頼区間を求めることができます。とくに，標本のデータが少ないときは，ブートストラップ法の適用が勧められます。

　ブートストラップ法は，コンピュータによる推定のシミュレーションを繰り返す計算機統計的手法です。ブートストラップ法では，分析対象とする標本（たとえばデータ数$n=337$）から無作為抽出によってもとの標本と同じサイズの標本（$n=337$）をつくり（これをリサンプリングという），リサンプリングデータに対して回帰分析を実施します。

　リサンプリングによる過程を繰り返す（たとえば10000回）と，回帰係数の推定値が繰り返した回数だけ（10000個）得られます。求めた推定値の分布に基づいて信頼区間を構成します。リサンプリングの回数が多いほど，計算時

間は長くなりますが，信頼区間の精度が高くなります。

　ブートストラップ信頼区間を求める手順は，181ページの手順8をつぎのとおりに置き換えます。

手順8'　Rコマンダーのメニューから「モデル」→「ブートストラップ信頼区間」を選びます。「ブートストラップ」ウィンドウが現れます（図10.11）。デフォルト値「0.95」以外の信頼水準で信頼区間を求めるとき，「Confidence level」の欄に値を入力します。リサンプリングの回数を「ブートストラップサンプルの大きさ」の欄に入力します。回数が多いほど信頼区間が正確になります。ここでは，デフォルト値「999」を「10000」に変更します。信頼区間の構成法に関しては，「信頼区間の上中央」はデフォルト「BCa（修正パーセンタイル）」のまま，「リサンプリ

図10.11　ブートストラップ信頼区間の設定

ング法」はデフォルト「ケース単位でのリサンプリ
ング」のままで構いません。「ブートストラップサ
ンプルのプロット」のチェックボックスにチェック
を付けておくと，各回帰係数の推定値の分布がグラ
フで出力されます。

　重回帰分析における正規分布を仮定した理論的な信頼区
間の出力（図10.12の上部）とブートストラップ信頼区間の
出力（図10.12の下部），および推定値の分布（図10.13）を
示します。この例における残差，すなわち誤差が正規分布
に従うとみなせるので，理論的な信頼区間とブートストラ
ップ信頼区間はかなり一致しています。

```
> Confint(RegModel.2, level=0.95)
                      Estimate       2.5 %      97.5 %
(Intercept)        3.5639981669  1.49402579  5.63397054
ストレッサー得点   0.2285325014  0.13385549  0.32320951
健康統制感         -0.0001499239 -0.02127793  0.02097808

> .bs.samples <- Boot(RegModel.2, R=10000, method="case")
+ plotBoot(.bs.samples)

> confint(.bs.samples, level=0.95, type="bca")
Bootstrap bca confidence intervals

                       2.5 %      97.5 %
(Intercept)        1.52850704  5.60448873
ストレッサー得点   0.13374967  0.32560466
健康統制感        -0.02213107  0.02202245
```

図10.12　理論的な信頼区間とブートストラップ信頼区間の出力

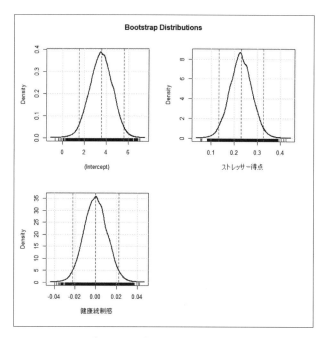

図10.13　ブートストラップ法による回帰係数の推定値の分布

▶ 10.2.2　線形モデル　説明変数が質的変数を含む場合

「日常苛立ち」のような質的変数（因子）を説明変数に設定
したい場合，Rコマンダーの「線形回帰」の機能では回帰分
析ができません。また，量的変数と質的変数を含む場合も
同じです。そのような複雑なモデルを扱うときは，Rコマ
ンダーの「線形モデル」の機能を利用します。

質的変数の扱い　ダミー変数の利用

「日常苛立ち」を説明変数とする回帰モデルを考えてみましょう。

「日常苛立ち」は 4 水準からなる因子です。「日常苛立ち」の観測値を表現するためには，「ダミー変数」という値 0 または 1 をとる変数を 3 つ導入する必要があります。

　一般に因子の水準数が k の場合，$k-1$ 個のダミー変数が必要です。最も簡単な性別のような 2 水準の場合は，性別をつぎのように 1 つのダミー変数 x で表せます。

$$x = \begin{cases} 1, & \text{女} \\ 0, & \text{男} \end{cases}$$

　2 水準の因子「性別」を記すダミー変数の回帰係数は，男性を基準にした女性の効果を意味します。

　因子「日常苛立ち」は 4 水準からなりますので，3 つのダミー変数 x_1, x_2, x_3 の組み合わせで

$$x_1 = 0, \quad x_2 = 0, \quad x_3 = 0, \qquad 0\,回$$
$$x_1 = 1, \quad x_2 = 0, \quad x_3 = 0, \qquad 1\text{-}2\,回$$
$$x_1 = 0, \quad x_2 = 1, \quad x_3 = 0, \qquad 3\text{-}5\,回$$
$$x_1 = 0, \quad x_2 = 0, \quad x_3 = 1, \qquad 6\,回以上$$

のように水準を記述できます。x_1 の回帰係数は「1－2回」と「0回」の差，x_2 の回帰係数は「3－5回」と「0回」の差，x_3 の回帰係数は「6回以上」と「0回」の差を意味します。

　このようなダミー変数は，以下の手順では「Rコマンダー」が自動的に設定してくれますが，解析結果を読み解く

上で重要なことですので，覚えておいてください。

　具体的な解析の手順は以下のとおりです。

手順1 ▶ R コマンダーのメニューから「統計量」→「モデルへの適合」→「線形モデル」を選ぶと，「線形モデル」ウィンドウが現れます。

手順2 ▶ 「モデル名を入力」の欄にデフォルトのモデル名「LinearModel.1」と表示されています。必要ならばモデル名を入力します。デフォルトのままの場合，別のモデルで分析すると自動的に「LinearModel.」のあとの番号が変わって，モデルが識別できるようになっています。ここではデフォルトの「Linear Model.1」で構いません。

手順3 ▶ 「モデル式」の左の欄で，上の「変数（ダブルクリックして式に入れる）」の変数リストから目的変数をダブルクリックして選択します。ここでは「ストレス反応」を選択します。

手順4 ▶ 「モデル式」の右の欄で，上の「変数（ダブルクリックして式に入れる）」の変数リストからダブルクリックして説明変数を入力します。「Operators (click to formula)」にあるボタンをクリックして，さまざまな関数形のモデルを指定できますが，わからないときは「モデル式のヘルプ」ボタンをクリックして参照してください。ここでは「日常苛立ち」のみを選択します（図10.14）。

手順5 ▶ OK ボタンをクリックすると，出力ウィンドウに回帰分析の結果が出力されます（図10.15）。

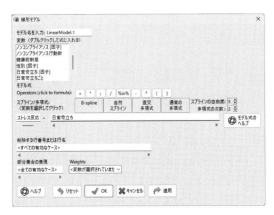

図10.14　線形モデルの設定

```
Call:
lm(formula = ストレス反応 ~ 日常苛立ち, data = PatientStress)

Residuals:
    Min      1Q  Median      3Q     Max
-7.8138 -1.4475  0.0805  1.4749  6.0547

Coefficients:
              Estimate Std. Error t value Pr(>|t|)
(Intercept)     3.5251     0.2136  16.505  < 2e-16 ***
日常苛立ち[T.1]   1.5280     0.3257   4.691 3.97e-06 ***
日常苛立ち[T.3]   2.5857     0.3469   7.453 7.94e-13 ***
日常苛立ち[T.6]   4.2888     0.3720  11.528  < 2e-16 ***
---
Signif. codes:  0 '***' 0.001 '**' 0.01 '*' 0.05 '.' 0.1 ' ' 1

Residual standard error: 2.32 on 333 degrees of freedom
Multiple R-squared:  0.3056,    Adjusted R-squared:  0.2994
F-statistic: 48.85 on 3 and 333 DF,  p-value: < 2.2e-16
```

図10.15　因子を説明変数とする線形モデルの出力1

手順6 つぎに回帰係数の信頼区間を求めます。Rコマン
ダーのメニューの下にある「モデル」ボタンに当該
モデル名が表示されていることを確認します。

手順7 R コマンダーのメニューから「モデル」→「信頼区
　　　　間」を選びます。「信頼区間」ウィンドウで，デフォ
　　　　ルトの値「0.95」を変更したければ「信頼水準」の欄
　　　　に信頼水準の値を入力します。

手順8 OK ボタンをクリックすると，出力ウィンドウに
　　　　回帰係数の信頼区間が出力されます（図10.16）。

```
> Confint(LinearModel.1, level=0.95)
                Estimate    2.5 %   97.5 %
(Intercept)    3.525073 3.1049506 3.945196
日常苛立ち[T.1] 1.528018 0.8873007 2.168735
日常苛立ち[T.3] 2.585738 1.9032632 3.268213
日常苛立ち[T.6] 4.288765 3.5569210 5.020609
```

図10.16　因子を説明変数とする線形モデルの出力2

　まず，残差の五数要約から判断すると，このモデルに問
題はなさそうです。

　つぎに，回帰係数の推定結果として推定値と標準誤差が
出力され，続く t 値および対応する p 値の出力より，各回帰
係数について帰無仮説「回帰係数が 0 に等しい」を両側検定
できます。定数項「（Intercept）」は3.5251，「日常苛立ち」
に関する 3 つのダミー変数の回帰係数は「日常苛立ち
[T.1]」1.5280，「日常苛立ち[T.3]」2.5857，「日常苛立ち
[T.6]」4.2888のように出力されます。

　回帰式は次のようになります。

$$y = 3.53 + 1.53x_1 + 2.59x_2 + 4.29x_3$$

　すべての回帰係数は p 値より 5 ％水準で有意であること
から，「日常苛立ちが 0 回」と比べて，ほかの 3 水準は有意

に大きく，したがって，日常苛立ちごとが多くなるほど，ストレス反応が強くなることがわかります。たとえば，日常苛立ちごとが1〜2回の人は0回の人よりストレス反応の平均が1.53大きく，3〜5回の人は0回の人より平均が2.59大きいことを意味します。これが日常苛立ちごとのストレス反応への効果です。

このモデルは，決定係数（Multiple R-squared）が0.3056であることから，ストレス反応の変動の31%を説明でき，F検定の結果より有意水準5%でモデルに説明力があることを示しています。

重回帰分析　ストレス反応のモデルを例として

説明変数として量的変数と質的変数を含む一般の重回帰モデルを扱います。ストレス反応と関連性があった「ストレッサー得点」「日常苛立ち」「性別」「年齢区分」，および年齢と関連する「健康統制感」の5変数を説明変数とする回帰モデルを考えます。「日常苛立ち」「性別」「年齢区分」は質的変数ですのでダミー変数を導入します。ただし，「年齢区分」の回帰係数の出力をわかりやすくするために，水準「青年」「壮年」「中年」「高年」をそれぞれ数値コード「1」「2」「3」「4」に再コード化した変数「年齢コード」を使用します。

上述したRコマンダー「線形モデル」の操作手順の手順4（191ページ）において，説明変数として「ストレッサー得点」「健康統制感」「日常苛立ち」「性別」「年齢コード」を選択します（図10.17）。そのほかの操作法は同じです。このモデル名を「LinearModel.2」とします。

194

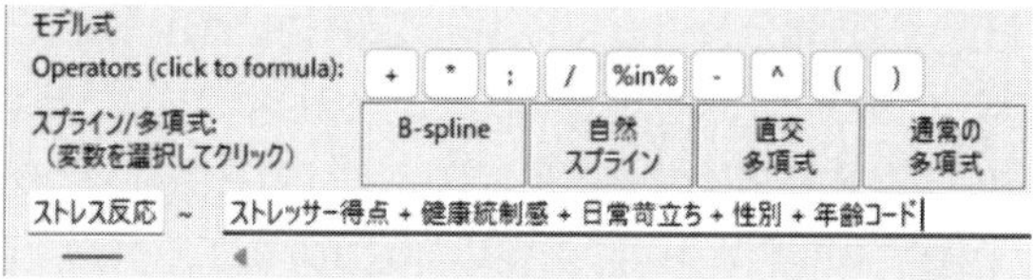

図10.17　モデル式の入力

　重回帰分析の結果が図10.18のように出力されます。

　回帰係数（Coefficients）の部分をみてみましょう。「スト
レッサー得点」以外の説明変数はp値が0.05以下ですので，
5％水準で「ストレス反応」に対して有意な影響が認められ
ます。

　注目すべき点は，「健康統制感」の回帰係数について，p
値が0.0199と有意になっていることです。これは，図10.10

```
Call:
lm(formula = ストレス反応 ~ ストレッサー得点 +
    健康統制感 + 日常苛立ち + 性別 + 年齢コード,
    data = PatientStress)

Residuals:
    Min      1Q  Median      3Q     Max
-7.0228 -1.4035 -0.0337  1.5081  6.4263

Coefficients:
                 Estimate Std. Error t value Pr(>|t|)
(Intercept)      1.249051   0.912855   1.368 0.172161
ストレッサー得点   0.076017   0.041277   1.842 0.066433 .
健康統制感        0.021266   0.009091   2.339 0.019919 *
日常苛立ち[T.1]   1.308106   0.312272   4.189 3.61e-05 ***
日常苛立ち[T.3]   2.172647   0.339295   6.403 5.28e-10 ***
日常苛立ち[T.6]   3.592491   0.379275   9.472  < 2e-16 ***
性別[T.女]        0.804334   0.252173   3.190 0.001563 **
年齢コード[T.2]   0.082064   0.379132   0.216 0.828770
年齢コード[T.3]  -1.096353   0.310151  -3.535 0.000467 ***
年齢コード[T.4]  -1.775304   0.394404  -4.501 9.41e-06 ***
---
Signif. codes:  0 '***' 0.001 '**' 0.01 '*' 0.05 '.' 0.1 ' ' 1

Residual standard error: 2.186 on 327 degrees of freedom
Multiple R-squared:  0.3947,  Adjusted R-squared:  0.3781
F-statistic: 23.69 on 9 and 327 DF,  p-value: < 2.2e-16
```

図10.18　説明変数に量的変数と質的変数を含む場合の重回帰分析の出力

で示した重回帰分析における説明変数に「健康統制感」と関連のある「年齢コード」を追加して，ストレス反応に対する主観的健康統制感の効果が年齢によって補正されたためです。「健康統制感」の回帰係数の推定値0.021266から，主観的健康統制感が高いほど，ストレス反応が強いことがわかります。

「日常苛立ち」の回帰係数は，「日常苛立ち[T.1]」1.308106，「日常苛立ち[T.3]」2.172647，「日常苛立ち[T.6]」3.592491と回数が多くなるほど「ストレス反応」が強くなります。

「性別」については，女性は男性より「ストレス反応」が0.804334だけ有意に大きいことがわかります。

「年齢コード」の回帰係数は，「年齢コード[T.2]」の行が年齢区分「壮年」を表すダミー変数についての結果で，p値より「青年」と「壮年」に有意差がないことが示されています。一方「中年」（年齢コード[T.3]）と「高年」（年齢コード[T.4]）は回帰係数がマイナスの値になっており，「青年」より「ストレス反応」が有意に低い結果が得られました。

　この重回帰モデルの説明率は39％となっていて，心理的現象のモデルとしてはかなり説明力があるといえるでしょう。

「ストレッサー得点」の回帰係数は0.076017で，ストレッサー得点が高いほどストレス反応が大きい傾向を示していますが，p値0.066433から5％水準での有意性は認められません。しかし，医療機関におけるストレス要因という鍵となる変数ですから，回帰モデルの説明変数に残しておきます。

10.3 モデル診断

▶ 10.3.1 グラフによるモデル診断

データに当てはめて得られたモデルに基づいて現象を解釈するためには，モデルが適切であることが必要です。つまり適切性を吟味するモデル診断が重要となります。モデル診断のために，グラフや統計量によるさまざまな手法が開発されています。

Rコマンダーでは，基本的な4つの診断図として残差プロット，SLプロット，規準化残差の正規QQプロット，影響プロットを描くことができます。さらに詳しい診断をするために，ステューデント化残差のQQプロット，偏残差プロット（成分効果プラス残差のプロット，Component +residual plot），偏回帰プロット（Added variable plot），影響プロット（Influence plot），効果プロット（Effect plot）なども出力できます。

これらのうち，基本的診断プロット，および説明変数と目的変数との関係を表す関数形の検討に役立つ偏残差プロットを扱います。

基本的診断プロット

診断に用いる基本的なプロットである残差プロット，SLプロット，規準化残差の正規QQプロット，影響プロットを描きます。

手順1 R コマンダーのメニューから「モデル」→「アクティブモデルを選択」を実行するか，メニューの右下にある「モデル」ボタンをクリックします。「モデルの選択」ウィンドウが現れます。

手順2 「モデル（1つ選択）」の枠で，診断するモデルを選択します。ここでは，前節で作成したモデル「LinearModel.2」を選択します（図10.19）。

図10.19　アクティブモデルの選択

手順3 R コマンダーのメニューから「モデル」→「グラフ」→「基本的診断プロット」を選ぶと，4つの診断図が現れます（図10.20）。

1．残差プロット（Residuals vs Fitted plot）

残差プロット（図10.20上左）は，誤差が独立で同一の分布に従うという仮定を確認するために，目的変数の予測値を横軸に，残差を縦軸にとって描いた散布図です。誤差が互いに独立で正規分布に従うならば，予測値と残差は独立

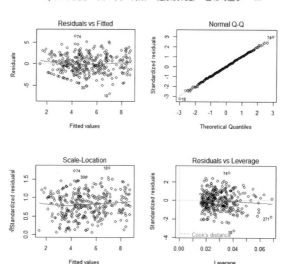

図10.20　基本的診断プロット

になります。予測値の大小にかかわらず，残差が値0の水平線の周りにランダムにプロットされるならば，回帰モデルの関数形に関する仮定を満たすと判定されます。

　他方，残差に偏りがみられるならば，線形性の仮定が疑われ，非線形モデルを考慮する必要があります。ちなみに，残差は観測値によって分散が異なりますので，誤差分散の均一性や正規性の仮定を検討するためには，規準化残差を利用します。

　モデルLinearModel.2の残差プロットをみると，ストレス反応は0以上の値しかとらないため，予測値が小さくなると残差の散らばりが小さくなる傾向がみられます。しか

し，それを除くと，残差は値0の水平線の周りに均一にプロットされています。

2．SLプロット（Scale-Location plot）

SLプロット（図10.20下左）は，予測値を横軸に，規準化残差の絶対値の平方根を縦軸にとって描いた散布図です。「規準化残差」とは，残差を平均が0に，分散が1になるように変換した量です。残差プロットとほぼ同じ目的の図ですが，誤差分散の均一性を検討しやすくなっています。予測値の値によって規準化残差の変動に傾向があるならば，誤差分散の均一性の仮定が疑われます。

モデル LinearModel.2のSLプロットでも，残差プロットと同様の様子がみられます。

誤差の正規性を仮定した場合，規準化残差はほぼ正規分布に従うので，規準化残差の絶対値が2以上，すなわち，その平方根が$\sqrt{2}$（=1.4）以上の観測値が約5％あることが期待されます。モデル LinearModel.2のプロットには，規準化残差の絶対値の平方根が$\sqrt{2}$以上の観測値は18個くらいあります。また，予測値が小さい領域で規準化残差の絶対値の平方根の散らばりが若干小さい傾向があるものの，変動はほぼ均一です。したがって，誤差の仮定について疑う点はみられません。

3．規準化残差の正規QQプロット（Normal Q-Q plot）

規準化残差の正規QQプロット（図10.20上右）は，誤差が正規分布に従うという仮定を確認するためのグラフです。モデルが正しければ，規準化残差のプロットはおおむ

ね直線的に並びます。

　モデル LinearModel.2 の残差プロットでは，きれいに直線的にプロットされていますので，誤差の正規性が満たされているといえます。

　なお，QQプロットに95％信頼領域を加えて，正規性をより検討しやすくしたグラフを，Rコマンダーのメニューから「モデル」→「グラフ」→「残差QQプロット」の操作により描くことができます（図10.21）。

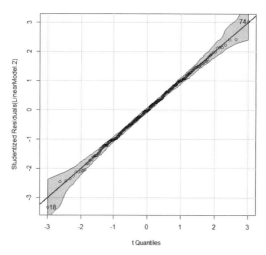

図 10.21　残差の正規 QQ プロット

4．影響プロット（Residuals vs Leverage plot）

　影響プロット（図10.20下右）は，横軸にてこ比（Leverage）を，縦軸に規準化残差をとった図です。さらに，クックの距離が0であることを示す実線と，0.5と1を示す破線が

引かれます。

　てこ比とは，それぞれの観測値がどれくらい予測値に影響しているかを表し，影響が大きい観測値を検出するとともに外れ値を検出するための指標であり，モデルの説明変数の数をm，データの標本サイズをnとすると，平均的に$(m+1)/n$となるような指標です。観測値のてこ比が$2(m+1)/n$や$3(m+1)/n$より大きければ，その観測値は特異であると判断します。LinearModel.2の例では$m=8$，$n=337$より$2(m+1)/n=0.053$，$3(m+1)/n=0.080$です。

　クックの距離とは，てこ比とステューデント化残差の両方を同時に考慮して各観測値の影響度を測るものです。クックの距離が0.5以上ならば回帰係数の推定への影響が大きく，クックの距離が1以上ならば回帰係数の推定への影響が異常に大きいとされます。クックの距離が大きいことがただちにその観測値が異常であるとは限りませんが，外れ値の場合のように吟味する必要があります。とくに特異で影響の大きい観測値のプロットにケース番号が付きます。

　モデルLinearModel.2の場合，すべての観測値でクックの距離が小さく（図には距離が0の実線のみで，0.5と1の破線は描かれていません），とくに大きな影響力をもつ観測値はないといえます。

　さらに精緻な影響プロットを，Rコマンダーのメニューから「モデル」→「グラフ」→「Influence plot」の操作により描くことができます（図10.22）。

　こちらの図では，てこ比が$2(m+1)/n$と$3(m+1)/n$を示す破線，およびステューデント化残差が2と-2を示す破線

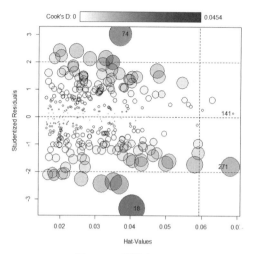

図10.22　影響プロット

が描かれます。また，クックの距離はプロットする円の面
積と濃淡で表します。例では，てこ比が$3(m+1)/n$より大
きい観測値はないので$3(m+1)/n$の破線は描かれません。

　てこ比が$2(m+1)/n=0.053$と$3(m+1)/n=0.080$の間をとる
観測値が５つあります。また，ステューデント化残差が３
より大きい観測値が２つ（ケース18と74）あり要注意です。
ケース271はステューデント化残差とてこ比の両方につい
て要注意の影響が大きい観測値です。

偏残差プロット（成分効果プラス残差のプロット）

　成分効果プラス残差のプロットとも呼ばれる偏残差プロ
ットは，回帰モデルで設定した量的変数の説明変数と目的
変数との関係を表す関数形が妥当であるかを調べるため

に，とくに役立つグラフです。

　ふつうの残差は目的変数の観測値と予測値との差ですから，i番目の観測値の残差$\tilde{\varepsilon}_i$は

$$\tilde{\varepsilon}_i = y_i - \hat{y}_i = y_i - (\hat{\beta}_0 + \hat{\beta}_1 x_{i1} + \cdots + \hat{\beta}_m x_{im})$$

と書けます。偏残差とは，ある特定の説明変数の効果を残して，残差からほかの説明変数の影響を除いたもので，説明変数ごとに考えます。

　たとえば，説明変数x_1のi番目の観測値x_{i1}に対する偏残差e_{i1}は

$$e_{i1} = y_i - (\hat{\beta}_0 + \hat{\beta}_2 x_{i2} + \hat{\beta}_3 x_{i3} + \cdots + \hat{\beta}_m x_{im})$$
$$= \tilde{\varepsilon}_i + \beta_1 x_{i1}$$

となります。また，つぎのような標本平均$\bar{x}_j$からの差を用いた偏残差$\tilde{e}_{ij}$

$$\tilde{e}_{ij} = \tilde{\varepsilon}_i + \hat{\beta}_j (x_{ij} - \bar{x}_j)$$

もあり，Rコマンダーの偏残差プロットではこの偏残差が使われます。右辺第2項の$\hat{\beta}_j (x_{ij} - \bar{x}_j)$を説明変数$x_j$の成分効果といい，偏残差$\tilde{e}_{ij}$は残差と成分効果の和で表されます。

　偏残差プロットの横軸に説明変数x_jを，縦軸に偏残差$\tilde{e}_{ij}$をとります。成分効果を示す直線（破線）の周りに残差が均一にプロットされていれば，線形性が満たされていると判断します。もし平滑化曲線（実線）が直線（破線）と大きくずれていれば，そのずれに対処するような関数を取り入れたモデルを検討します。

手順1 ▶ R コマンダーのメニューから「モデル」→「グラフ」
→「Component+residual plots」を選ぶと,「偏残差
プロット」ウィンドウが現れます。

手順2 ▶ 「スムージングの幅」のスライドバーで平滑化曲線
の滑らかさを指定します。デフォルトの「50」でグ
ラフを描いてみて,必要に応じて調整すればいいで
しょう。

手順3 ▶ OK ボタンをクリックすると,偏残差プロットが
現れます(図10.23)。

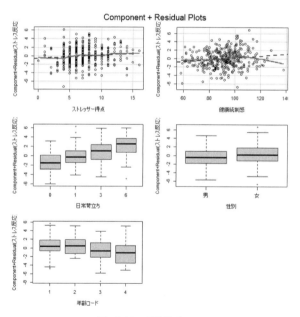

図10.23 偏残差プロット

量的変数「ストレッサー得点」および「健康統制感」のグラフにおいて，観測値は直線の周りにほぼ一様にプロットされています。また，平滑化曲線は直線に近いので，線形性を満たします。モデルで設定している関数形は適切であるといえます。

質的変数の偏残差プロットでは，水準ごとに描かれた偏残差の箱ひげ図に示される中央値によって説明変数の成分効果がみてとれます。

▶ 10.3.2　数値によるモデル診断

数値による診断では，多重共線性の検出や，モデルの仮定に関する検定を行います。Rコマンダーで利用できる手法のうち，分散拡大要因による多重共線性の検出，誤差の分散不均一性のブルーシュ・ペーガン（Breusch-Pagan）検定について説明します。

分散拡大要因による多重共線性の検出

説明変数間に強い相関があるとき，回帰係数の推定値が不安定になったり，推定誤差が大きくなる現象を多重共線性と呼びます。回帰分析の推測が信頼できるためには，多重共線性を防がなければなりません。

分散拡大要因（VIF）は，多重共線性を検出するための指標です。分散拡大要因の値が10以上ならば，多重共線性があると判断します。多重共線性が認められた場合，多重共線性を解消するために，強い相関関係にある説明変数同士の一部をモデルから除いて対処します。

つぎの手順によって分散拡大要因を求めて診断します。

ただし，説明変数に質的変数を含む場合は，一般化分散拡
大要因（GVIF）が出力されます。

手 順 ▶ R コマンダーのメニューから「モデル」→「数値に
よる診断」→「分散拡大要因」を選ぶと，分散拡大要
因と回帰係数の推定値の相関係数が出力されます
（図 10.24）。

```
> vif(LinearModel.2)
                  GVIF Df GVIF^(1/(2*Df))
ストレッサー得点 1.114436  1        1.055669
健康統制感        1.085463  1        1.041856
日常苛立ち        1.209852  3        1.032259
性別             1.024580  1        1.012215
年齢コード        1.221009  3        1.033840
```

図10.24　分散拡大要因の出力

　この例では，すべての説明変数の分散拡大要因は 10 より
小さく，多重共線性はないと判断できます。

誤差の分散不均一性の検定

　誤差が同一の分布に従っているという仮定の下では，モ
デルが妥当ならば，残差の分散は一定であるはずです。誤
差の分散不均一性についてブルーシュ・ペーガン検定で検
定できます。帰無仮説は「誤差分散は一定」です。帰無仮説
が受容されれば，誤差分散は均一であるとみなされます。
　ここで用いるブルーシュ・ペーガン検定は，誤差分散が
説明変数の値とともに線形に増加あるいは減少するという
不均一性を検出しやすい方法です。

手順1 R コマンダーのメニューから「モデル」→「数値による診断」→「ブルーシュ－ペーガンの分散の不均一性の検定」を選択すると,「ブルーシュ－ペーガン検定」ウィンドウが現れます。

手順2 「不均一誤差分散のスコア検定」で,「スチューデント化した検定統計量」のチェックボックスにチェックを付けます。

手順3 「分散の式」の項目で,「予測値」が選択されていることを確認します (図10.25)。

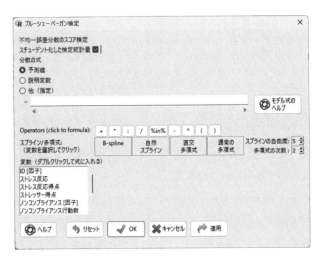

図10.25　ブルーシュ・ペーガン検定の設定

手順4 OK ボタンをクリックすると,検定結果が出力ウィンドウに出力されます (図10.26)。

```
        studentized Breusch-Pagan test
data: ストレス反応 ~ ストレッサー得点 + 健康統制感 + 日常苛立ち + 性別 + 年齢コード
BP = 1.7599, df = 1, p-value = 0.1846
```

図10.26　ブルーシュ・ペーガン検定の出力

　この例では，p値が0.1846であることから，誤差分散が一定であると判断できます。

▶ 10.3.3　複雑な線形モデルの回帰分析

「線形モデル」の機能によりかなり複雑なモデルを記述できます。たとえば，変数の多項式，対数変換や平方根変換および変数間の交互作用項を含むモデルを扱えます。「線形モデル」ウィンドウの設定において，演算子をクリックして入力する「Operators (click to formula)」のボタンを利用したり，キーボードからの入力によりモデル式を記述します。よく利用されるモデル式の記法を下にまとめました。

モデル式の記法

:	交互作用	例：X:Y	積XYの項
^	べきの項	例：X^2	Xの2乗の項
−	項の除去	例：−1	定数項の除去（原点を通る回帰式）
*	一次の項と交互作用項	例：X*Y	X+Y+X:Yと同じ

　本項ではとくに重要な交互作用を含むモデルについての例をみておきます。

交互作用を含むモデル

目的変数が「ストレス反応」，説明変数が「ストレッサー得点」「健康統制感」「性別」「年齢コード」「日常苛立ち」であるモデルを分析しました。このモデルに，「ストレッサー得点」と「性別」との交互作用を付け加えたモデルを考えます。ここで交互作用とは，「ストレッサー得点」の効果を表す回帰係数が性別によって変わることを意味します。その変化量が「ストレッサー得点」と「性別」との交互作用の回帰係数によって示されます。

10.2.2項で，Rコマンダーのメニュー「統計量」→「モデルへの適合」→「線形モデル」の操作法を示しました。操作の手順4において「モデル式」を設定するとき，交互作用項が含まれるように入力します（図10.27）。

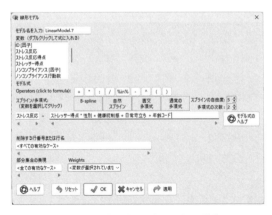

図10.27　交互作用を含むモデルの設定

図10.27で

ストレッサー得点＊性別

のように入力しました。演算子「＊」を用いると，交互作用だけではなく，「ストレッサー得点」と「性別」それぞれの1次の項も含まれます。したがって，代わりに演算子「：」を用いた

ストレッサー得点＋性別＋ストレッサー得点：性別

という表現と同じです。設定したモデルを「Linear Model.3」とします。結果の出力はつぎのとおりです（図10.28）。

```
Call:
lm(formula = ストレス反応 ~ ストレッサー得点 *
    性別 + 健康統制感 + 日常苛立ち + 年齢コード,
    data = PatientStress)

Residuals:
    Min      1Q  Median      3Q     Max
-7.0423 -1.3942 -0.0425  1.5039  6.4069

Coefficients:
                        Estimate Std. Error t value Pr(>|t|)
(Intercept)             1.168445   0.968560   1.206 0.228548
ストレッサー得点        0.090062   0.069412   1.297 0.195378
性別[T.女]              0.960755   0.670401   1.433 0.152786
健康統制感              0.021024   0.009155   2.297 0.022280 *
日常苛立ち[T.1]         1.306828   0.312761   4.178 3.77e-05 ***
日常苛立ち[T.3]         2.175033   0.339914   6.399 5.44e-10 ***
日常苛立ち[T.6]         3.598807   0.380646   9.454  < 2e-16 ***
年齢コード[T.2]         0.082958   0.379693   0.218 0.827186
年齢コード[T.3]        -1.104739   0.312375  -3.537 0.000464 ***
年齢コード[T.4]        -1.774085   0.395000  -4.491 9.84e-06 ***
ストレッサー得点:性別[T.女] -0.021415  0.085020  -0.252 0.801293
---
Signif. codes:  0 '***' 0.001 '**' 0.01 '*' 0.05 '.' 0.1 ' ' 1

Residual standard error: 2.189 on 326 degrees of freedom
Multiple R-squared:  0.3948, Adjusted R-squared:  0.3763
F-statistic: 21.27 on 10 and 328 DF,  p-value: < 2.2e-16
```

図10.28　交互作用を含むモデルの結果

回帰係数についての結果をみると，交互作用「ストレッサー得点：性別[T.女]」の回帰係数の推定値は−0.021415です。したがって，「ストレス反応」に対する「ストレッサー得点」の効果は，男性においては「ストレッサー得点」の回帰係数0.090062，女性においては「ストレッサー得点」の回帰係数と「ストレッサー得点：性別[T.女]」の回帰係数を加えた値0.090062−0.021415 〜 0.0686となります。すなわち，女性の方が「ストレッサー得点」の効果が小さくなります。ただし，交互作用項の検定結果をみるとp値は0.801293ですから，有意な交互作用は認められません。

　したがって，「ストレッサー得点」の効果に性差はないと考えられます。

10.4　モデルの選択

　現象のメカニズムを解明するためには，データに適合するモデルの中から，現象をうまく説明できるモデルを選択する必要があります。また，モデルを予測に用いるためには，データに適合しつつ比較的単純なモデルを選択することが有効です。

　モデル選択の手法は数多く提案されています。代表的なものとして，検定手法では「尤度比検定」「ワルド検定」「ラグランジュ乗数検定」「分散分析のF検定」などがあり，モデルの良さを表す指標ではAICやBIC，自由度調整済み決定係数などがあげられます。Rコマンダーでは，AICとBICによるモデル選択，分散分析のF検定および自由度調整済み決定係数がメニュー操作で利用できます。

▶ 10.4.1　分散分析によるモデルの比較

　ある回帰モデルと入れ子関係になっているモデルを，分散分析のF検定で比較することによって，どちらのモデルを採用したらよいかの判断をすることができます。入れ子関係とは，一方のモデルが他方のモデルの特別な場合になっている関係です。たとえば，

　　　　モデル１　　$y = \beta_0 + \beta_1 x_1$
　　　　モデル２　　$y = \beta_0 + \beta_1 x_1 + \beta_2 x_2 + \beta_3 x_3$

を考えると，モデル１はモデル２における$\beta_2 = \beta_3 = 0$の場合ですので，モデル１がモデル２に含まれる入れ子関係にあります。検定では，帰無仮説として「$\beta_2 = \beta_3 = 0$」を設定します。帰無仮説が受容されるとモデル１を選択し，棄却されるとモデル２を選択します。

　ストレス反応のモデルを例にしてLinearModel.1とLinearModel.2の比較をしてみます。

手順1▶ Rコマンダーのメニューから「モデル」→「仮説検定」→「２つのモデルを比較」を選ぶと，「モデルの比較」ウィンドウが現れます（図10.29）。

手順2▶ 「第１のモデル（１つ選択）」の枠で，小さい方のモデルを選択します。ここでは「LinearModel.1」を選びます。

手順3▶ 「第２のモデル（１つ選択）」の枠で，大きい方のモデルを選択します。ここでは「LinearModel.2」を選びます。

図10.29　モデル比較の設定

手順4 OK ボタンをクリックすると，分散分析による検定結果が出力ウィンドウに示されます（図10.30）。

```
> anova(LinearModel.1, LinearModel.2)
Analysis of Variance Table

Model 1: ストレス反応 ~ ストレッサー得点
Model 2: ストレス反応 ~ ストレッサー得点 + 健康統制感 +
    日常苛立ち + 性別 + 年齢コード
  Res.Df    RSS Df Sum of Sq      F    Pr(>F)
1    335 2417.9
2    327 1562.3  8    855.63 22.386 < 2.2e-16 ***
---
Signif. codes:  0 '***' 0.001 '**' 0.01 '*' 0.05 '.' 0.1 ' ' 1
```

図10.30　LinearModel.1とLinearModel.2の比較

分散分析表のp値（Pr(>F)）は0.05以下ですので，2つのモデルには5％水準で有意差があることがわかります。したがって，大きい方のモデルであるLinearModel.2を選択します。

さらに，ストレス反応のモデルでLinearModel.2と，さらに大きなモデルであるLinearModel.3も比較してみます。結果は図10.31に示すとおりです。

分散分析表のp値は0.8013で，2つのモデルに有意差が

```
> anova(LinearModel.2, LinearModel.3)
Analysis of Variance Table

Model 1: ストレス反応 ~ ストレッサー得点 + 健康統制感 +
    日常苛立ち + 性別 + 年齢コード
Model 2: ストレス反応 ~ ストレッサー得点 * 性別 + 健康統制感 +
    日常苛立ち + 年齢コード
  Res.Df    RSS Df Sum of Sq      F Pr(>F)
1    327 1562.3
2    326 1562.0  1   0.30399 0.0634 0.8013
```

図10.31　LinearModel.2とLinearModel.3の比較

ありません。この場合には，複雑なLinearModel.3を選択する利点はありませんので，より単純なモデルである小さい方のLinearModel.2を選択します。

▶ 10.4.2　AICによるモデル選択

　赤池の情報量規準 AIC（Akaike Information Criterion）は，赤池弘次博士が提唱した最良のモデルを選択するための指標です。AICによるモデル選択は，検定における有意水準の設定のような主観的な要素がなく，より客観的にモデル選択を行えます。

　さらに，AICによれば，入れ子関係にないモデル間の比較をすることもできます。

　AICはさまざまな分野に応用され多大な成果を上げて，その有用性が示されてきました。AICの成功に刺激されていくつもの情報量規準が提案されていますが，通常のデータ解析ではAICを利用すればよいでしょう。

　Rコマンダーではモデル選択にAICのほかにBICを利用できますが，本書ではAICのみ扱います。AICの値が小さい方が良いモデルです。選択の候補となっている回帰モデルから，説明変数を1つずつ増やしたり減らしたりする逐

次選択によりAICが最も小さいモデルを，最良のモデルとして選びます。

逐次選択のスタートとなるモデルについて，説明変数の候補と考えられる変数を漏れなく含む大きなモデルから出発する方法と，説明変数として確実そうな変数のみを含む小さなモデルから出発する方法があります。

大きなモデルからスタートする場合は，AICを小さくするように変数を除いていき，これ以上AICが小さくならないモデルを選択します。これが変数減少法です。

変数を削除する過程で，逆に別の変数を追加するとAICが小さくなるときは変数を増やすことも許す方法（変数減増法）が「減少／増加」の指定です。

小さなモデルからスタートする場合は，AICを小さくする変数を追加していき，これ以上AICが小さくならないモデルを選択します。これが変数増加法です。変数を追加する過程で，逆に別の変数を削除するとAICが小さくなるときは変数を減らすことも許す方法（変数増減法）が「増加／減少」の指定です。

モデルの逐次選択の操作手順はつぎのとおりです。

手順1 Rコマンダーのメニューから「モデル」→「アクティブモデルを選択」を選ぶと，「モデルの選択」ウィンドウが現れるので，「モデル（1つ選択）」でモデル選択の出発となる初期モデルを選択します。ここでは「LinearModel.3」を初期モデルとします。

手順2 Rコマンダーのメニューから「モデル」→「逐次モデル選択」を選ぶと，「逐次モデル選択」ウィンドウ

が現れます。

手順3「方向」の項目で,「減少／増加」「増加／減少」
「減少」「増加」から選択します。ここでは「減少／増
加」を選びます(図10.32)。

図10.32 逐次モデル選択の設定

手順4「基準」の項目で,「BIC」または「AIC」を選びま
す。ここでは「AIC」を指定します。

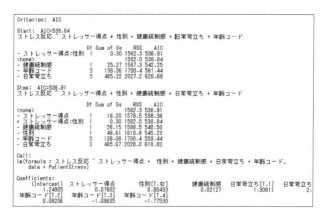

図10.33 AICによる逐次モデル選択の出力

手順5 OK ボタンをクリックすると，逐次モデル選択の
過程および選択結果が出力ウィンドウに示されます（図10.33）。

初期モデルLinearModel.3から変数減増法でモデル選択
を行ったときの過程が出力されます。

モデル選択の第1段階において，初期モデル
（AIC=538.84）から各説明変数を除いたときのモデルの
AICを比較しています。たとえば「− 年齢コード」から始
まる行の右端には，この変数を除いたモデルのAICの値
561.44が示されています。この段階では最小のAICとなる
変数「ストレッサー得点：性別」を除いたモデル
（AIC=536.91）が選ばれます。

第2段階において，そのモデルからさらに各説明変数を
除いたモデル，および説明変数に含まれない変数を1つ追
加したモデルのAICを比較して，最小のAICとなるモデル
を選択します。

しかし，AICが小さくなるモデルはなかったので，第1
段階で得られたモデル（AIC=536.91）が最良のモデルとし
て選ばれます。すなわち，AICが最小となる選択されたモ
デルは，説明変数が「ストレッサー得点」「健康統制感」
「性別」「年齢コード」「日常苛立ち」であるLinearModel.2
です。外来患者の心理的ストレス反応について，回帰分析
によって得られたLinearModel.2に基づいて解釈していく
ことになります。

出力の最後には，選択されたモデルで採用されている説
明変数について，それぞれの回帰係数が表示されています。

10.5　解析結果の保存

　回帰分析の結果を保存しておくと，後ほど結果を詳しく検討するときに便利です。

　各観測値に対する予測値，残差，クックの距離，てこ比などの値は，Rコマンダーのメニューから「モデル」→「計算結果をデータとして保存」の操作により現れたウィンドウで指定すると，データセットの変数として追加できます。図10.34では，「観測値のインデックス」以外の項目を指定しています。

　解析したそれぞれのモデルに関する情報（回帰係数の推定値やモデル評価の統計量など）は，自動的にRワークスペースに取り込まれますので，ワークスペースのファイルとして保存できます。モデルの情報をみるためには，メニューから「モデル」→「アクティブモデルを選択」によってモデルをアクティブにした後，メニューの「モデル」から調べたい項目を選択します。

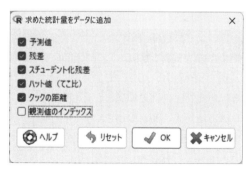

図 10.34　回帰分析で求めた統計量のデータセットへの保存

第 11 章

比率に関する推定と検定

　量的変数では，平均が分布の位置を表す最も重要な指標です。一方，質的変数では，比率が最も重要です。比率に関する推測は，質的変数に対して最もよく利用される解析です。本章では，2カテゴリーからなる質的変数の母比率（母集団における比率）について，1標本と2標本の場合における区間推定および検定について説明します。

11.1　1標本における比率に関する検定

　ある母集団における比率の推定および比率に関する仮説検定を行います。

　帰無仮説は「母比率はある特定の値に等しい」です。対立仮説はつぎのように両側検定の場合と2つの片側検定の場合の3種類が考えられます。

「母比率はある特定の値と異なる」（両側検定）
「母比率はある特定の値より小さい」（片側検定）
「母比率はある特定の値より大きい」（片側検定）

　状況に応じてどの対立仮説を採用するかを決めます。

　検定の p 値や信頼区間の計算法を標本サイズに応じて3種類のうちから指定します。標本が大きいときは，カイ2乗検定により p 値を近似的に求める「正規近似」，または p 値をより良い近似で求める「連続修正を用いた正規近似」を選びます。標本が小さいときは，2項検定により p 値を正確に求める「正確2項」を選びます。正規近似が適用できる目安は，標本サイズが20以上で，2つのカテゴリーの度数がいずれも5以上の場合です。

「ノンコンプライアンス」を例にとって，母比率の95%信頼区間を求め，帰無仮説「母比率が0.5である（つまり，ノンコンプライアンスの「あり」と「なし」の割合は等しい）」について有意水準5%で両側検定を行います。なお，母比率を「P」で表します。

手順1 ▶ Rコマンダーのメニューから「統計量」→「比率」→「1標本比率の検定」を選ぶと，「1標本の比率の検定（母不良率の検定）」ウィンドウが現れます。

手順2 ▶「データ」タブで，「変数（1つ選択）」の枠に表示された質的変数のリストから，検定したい変数を選択します。ここでは「ノンコンプライアンス」を選びます。

手順3 ▶「オプション」タブに切り替えます。「帰無仮説：P=」の欄に帰無仮説で設定する母比率の値 p_0 を入力します。この例では，ノンコンプライアンス行動をとらない割合は50%であるとして，「.5」と入力します。

手順4 「対立仮説」の項目から対立仮説を選択します。対立仮説が「母比率 P は P0 と異なる」ならば「母集団の比率 P ≠ P0」を選びます（両側検定）。対立仮説が「母比率 P は P0 より小さい」ならば「母集団比率 P ＜ P0」を選び，対立仮説が「母比率は P0 より大きい」ならば「母集団比率 P ＞ P0」を選びます（片側検定）。ここでは，両側検定なので「母集団の比率 P ≠ P0」を選びます。

手順5 「検定のタイプ」を指定します。ここでは，「連続修正を用いた正規近似」を選びます。

手順6 「信頼水準」の欄に，信頼区間の信頼水準の値を入力します。ここでは，デフォルト値「.95」のままとします（図 11.1）。

手順7 OK ボタンをクリックすると，出力ウィンドウに検定結果および信頼区間が出力されます（図 11.2）。

図 11.1　1 標本の比率に関する検定の設定

```
Frequency counts (test is for first level):
ノンコンプライアンス
なし あり
 202  135

        1-sample proportions test with continuity correction

data:  rbind(.Table), null probability 0.5
X-squared = 12.926, df = 1, p-value = 0.0003241
alternative hypothesis: true p is not equal to 0.5
95 percent confidence interval:
 0.5447541 0.6517551
sample estimates:
        p
0.5994065
```

図11.2　1標本の比率に関する検定の出力

　はじめに各カテゴリーの度数が出力されます。

　つぎに検定結果が出力されます。帰無仮説を「母比率が0.5に等しい」，対立仮説を「母比率は0.5と異なる」としたときのp値は0.0003241であることがわかります。したがって，有意水準5％で帰無仮説は棄却されます。

　検定結果に続いて推定結果が出力されます。母比率の95％信頼区間（95 percent confidence interval）が[0.5447541, 0.6517551] と出力されています。

　最後にノンコンプライアンス行動をとらない比率の推定値（sample estimates）0.5994065が出力されます。以上の結果から，ノンコンプライアンス行動をとらない割合は50％より高く，54 〜 66％であると推測されます。

11.2　2標本における比率に関する検定

　2群の母比率に差があるかについて検定します。帰無仮説は「母比率に差はない」です。例として，男女間でノンコ

ンプライアンス行動をとらない割合に差があるか有意水準
5％で検定しましょう。使用する変数は「性別」と「ノンコ
ンプライアンス」です。

手順1 ▶ Rコマンダーのメニューから「統計量」→「比率」
→「2標本比率の検定」を選ぶと，「2標本の比率の
検定」ウィンドウが現れます。

手順2 ▶ 「データ」タブで，「グループ（1つ選択）」の枠に
表示された因子のリストから，2群に分けている変
数を選択します。ここでは「性別」を選択します。

手順3 ▶ 「目的変数（1つ選択）」の枠に表示された因子のリ
ストから，検定したい変数を選択します。ここでは
「ノンコンプライアンス」を選択します。

手順4 ▶ 「オプション」タブに切り替えます。左上に比率の
差のとり方（例では「男－女」）が示されています。

手順5 ▶ 「対立仮説」の項目から対立仮説を選択します。い
まの例では，両側検定なので「両側」を選びます。

手順6 ▶ 「検定のタイプ」を指定します。ここでは，標本が
大きいので「連続修正を用いた正規近似」を選びま
す。

手順7 ▶ 「信頼水準」の欄に，求める信頼区間の信頼係数
（信頼水準）の値を入力します。ここでは，デフォル
ト値「.95」のままとします（図11.3）。

手順8 ▶ OKボタンをクリックすると，出力ウィンドウに
検定結果および信頼区間が出力されます（図11.4）。

図11.3　2標本の比率に関する検定の設定

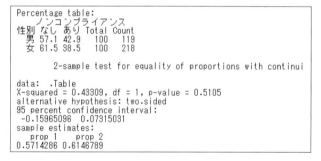

図11.4　比率の差に関する検定と区間推定の出力

　結果の出力を下からみていきます。男性群のノンコンプ
ライアンス行動なしの標本比率が0.5714286，女性群の標
本比率が0.6146789で，母比率の差の95％信頼区間が
$[-0.15965096, 0.07315031]$ です。また，両側検定のp値
が0.5105ですから，5％有意水準で帰無仮説が受容されま
す。したがって，男女でノンコンプライアンス行動をとる
比率に差が認められないと結論されます。

第 12 章

ロジスティック回帰分析

　外来患者の治療において好ましくないノンコンプライアンス行動を予防するために，ノンコンプライアンス行動をとる要因を知りたいとします。目的変数にノンコンプライアンス行動の有無を表す「ノンコンプライアンス」を，説明変数に「ストレッサー得点」や「日常苛立ち」などを設定して，回帰分析を行えばよさそうです。

　しかし，線形回帰分析は，目的変数である量的変数をほかの変数で説明するモデルでした。ところが，「ノンコンプライアンス」は 2 つのカテゴリーからなる質的変数（ 0 か 1 の値をとる 2 値変数）ですので線形回帰分析は利用できません。このようなとき利用できる手法が，この章であつかうロジスティック回帰分析です。

12.1　ロジスティック回帰分析の考え方

説明変数が k 個ある場合の回帰式に出てくる 1 次式

$$y_i = \beta_0 + \beta_1 x_{1i} + \cdots + \beta_k x_{ki}$$

は，説明変数の値が与えられたときの目的変数の平均を表していました。ロジスティック回帰モデルでは，目的変数

が2値変数ですから，その平均は値1をとる確率p_iになります。しかし，重回帰分析の回帰式と同じような1次式では値が0と1の間に収まらないので，工夫が必要です。そこで目的変数の確率と説明変数の1次式を結びつける関数

$$g(p_i)=\beta_0+\beta_1 x_{1i}+\cdots+\beta_k x_{ki}$$

を導入します。この関数を「リンク関数」と呼び，ロジスティック回帰モデルではリンク関数にロジット関数

$$g(p_i)=\log\frac{p_i}{1-p_i}$$

を使います。リンク関数の逆関数をとると，確率p_iは説明変数の1次式に関するS字形の曲線になり，0と1の間に収まります（図12.1）。この逆関数はロジスティック関数と呼ばれ，ロジスティック回帰分析の名称はここから来てい

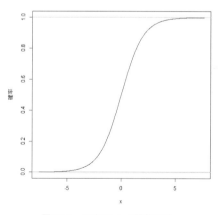

図12.1　ロジスティック関数の例

ます。

ノンコンプライアンス行動　これまでの解析結果

　ロジスティック回帰分析に先立って,「ノンコンプライアンス」と個々の要因との関連を解析した結果を表12.1にまとめておきます。

「年齢区分」と「ノンコンプライアンス」との関連性については, 中年はほかの年齢よりノンコンプライアンス行動をとる割合が低い傾向がみられます。この関連性は5％水準で有意ではありませんが, ロジスティック回帰分析の説明変数として検討対象にすることにします。

「日常苛立ち」と「ノンコンプライアンス」については, 日常苛立ちごとが増えるほどノンコンプライアンス行動をとる割合が高くなる傾向がみられます。この関連性も5％水準で有意ではありませんが, ロジスティック回帰分析の説明変数として検討対象にすることにします。

「ストレッサー得点」の平均は,「ノンコンプライアンス」がある群がない群より高いという有意差が認められますので, ロジスティック回帰分析の説明変数に採用します。

「性別」および「健康統制感」は「ノンコンプライアンス」と関連がなさそうですが, ストレス反応の回帰分析において有意な説明変数でしたので, ロジスティック回帰分析の説明変数に採用することにします。

　以上より, ロジスティック回帰モデルの説明変数には「ストレッサー得点」「健康統制感」「日常苛立ち」「性別」「年齢コード」を考えて解析を進めましょう。

表12.1　ノンコンプライアンス行動

		ノンコンプライアンス		検定結果
		なし	あり	p 値
性別	男	0.571	0.429	カイ2乗検定
	女	0.615	0.385	0.439
年齢区分	青年	0.556	0.444	
	壮年	0.558	0.442	カイ2乗検定
	中年	0.722	0.278	0.086
	高年	0.591	0.409	
日常苛立ち	0回	0.669	0.331	
	1-2回	0.618	0.382	カイ2乗検定
	3-5回	0.472	0.528	0.059
	6回以上	0.586	0.414	
ストレッサー得点(平均)		6.74	8.14	t 検定，$p < 0.01$
健康統制感(平均)		91.9	90.8	t 検定，$p = 0.49$

||| **12.2　モデルの当てはめ** |||

ロジスティック回帰分析　説明変数が1つの場合

　まず，説明変数を1つだけ考えるロジスティック回帰モデルを解析することから始めましょう。Rコマンダーでは最尤法という方法によって回帰係数を推定します。

　ノンコンプライアンス行動の要因として「ストレッサー得点」を説明変数とするモデルを取り上げます。ロジスティック回帰分析の手順は以下のとおりです。

手順1 Rコマンダーのメニューから「統計量」→「モデルへの適合」→「一般化線形モデル」を選ぶと，「一般化線形モデル」ウィンドウが現れます。

手順2 「モデル名を入力」の欄にデフォルトのモデル名「GLM.1」と記載されています。必要ならばモデル名を入力します。デフォルトのままの場合，別のモデルで分析すると自動的に「GLM.」のあとの番号が変わって，モデルが識別できるようになっています。ここではデフォルトの「GLM.1」で構いません。

手順3 「モデル式」の左の欄に目的変数を，上の「変数（ダブルクリックして式に入れる）」の変数リストからダブルクリックして選択します。ここでは「ノンコンプライアンス」を選択します。

手順4 「モデル式」の右の欄に上の「変数（ダブルクリックして式に入れる）」の変数リストからダブルクリックして説明変数を入力します。ここでは「ストレッサー得点」のみを選択します（図12.2）。

手順5 「リンク関数族」の枠で「binomial」を指定します。「リンク関数」の枠で「logit」を指定します。

手順6 OKボタンをクリックすると，出力ウィンドウにロジスティック回帰分析の結果が出力されます（図12.3）。

手順7 つぎに回帰係数の信頼区間を求めます。Rコマンダーのメニューの下にある「モデル」ボタンに当該モデル名が表示されていることを確認します。

手順8 Rコマンダーのメニューから「モデル」→「信頼区間」を選びます。「信頼区間」ウィンドウで，デフォ

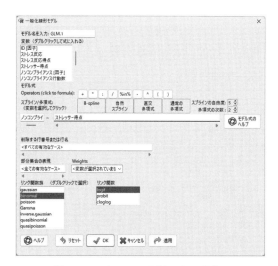

図12.2　ロジスティック回帰モデルの設定

ルトの値「0.95」を変更したければ「信頼水準」の欄
に信頼水準の値を入力します。「...に基づく検定」は
デフォルト「尤度比統計量」で構いません（図12.4）。

手順9 OK ボタンをクリックすると，出力ウィンドウに
回帰係数の信頼区間が出力されます（図12.5）。

　上記の手順8では，ロジスティック回帰モデルにおける
回帰係数の推定値が近似的に正規分布に従うものとして，
信頼区間を求めています。しかし，データが少ないときは
正規分布の近似が悪いので，つぎの手順10によって，ブー
トストラップ法による信頼区間を計算した方がよいでしょ
う。

```
> summary(GLM.1)

Call:
glm(formula = ノンコンプライアンス ~ ストレッサー得点,
    family = binomial(logit), data = PatientStress)

Deviance Residuals:
    Min       1Q   Median       3Q      Max
-1.5207  -0.9859  -0.8134   1.2447   1.8019

Coefficients:
                Estimate Std. Error z value  Pr(>|z|)
(Intercept)     -1.55968    0.31236  -4.993 0.000000594 ***
ストレッサー得点  0.15587    0.03871   4.026 0.000056655 ***
---
Signif. codes:  0 '***' 0.001 '**' 0.01 '*' 0.05 '.' 0.1 ' ' 1

(Dispersion parameter for binomial family taken to be 1)

    Null deviance: 453.77  on 336  degrees of freedom
Residual deviance: 436.48  on 335  degrees of freedom
AIC: 440.48

Number of Fisher Scoring iterations: 4

> exp(coef(GLM.1))  # Exponentiated coefficients ("odds ratios")
  (Intercept) ストレッサー得点
    0.2102033        1.1686706
```

図12.3　ロジスティック回帰分析の結果

図12.4　信頼区間の設定

```
> Confint(GLM.1, level=0.95, type="LR")
                  Estimate        2.5 %      97.5 %
(Intercept)     -1.5596803  -2.18753707  -0.9604128
ストレッサー得点  0.1558668   0.08136477   0.2335252

> Confint(GLM.1, level=0.95, type="LR", exponentiate=TRUE)

Exponentiated Coefficients and Confidence Bounds
                 Estimate      2.5 %     97.5 %
(Intercept)     0.2102033  0.1121927  0.3827349
ストレッサー得点  1.1686706  1.0847665  1.2630446
```

図12.5　ロジスティック回帰モデルの回帰係数の信頼区間の出力

232

手順10 ▶ R コマンダーのメニューから「モデル」→「ブート
ストラップ信頼区間」を選びます。「ブートストラ
ップ」ウィンドウが現れます（図12.6）。デフォルト
値「0.95」以外の信頼水準で信頼区間を求めるとき，
「Confidence level」の欄に値を入力します。リサンプ
リングの回数を「ブートストラップサンプルの大き
さ」の欄に入力します。回数が多いほど信頼区間が
正確になります。ここではデフォルト値「999」を
「10000」に変更します。信頼区間の構成法に関する
「信頼区間の上中央」はデフォルト「BCa（修正パー
センタイル）」のままで構いません。「ブートストラ
ップサンプルのプロット」のチェックボックスにチ
ェックを付けておくと，各回帰係数の推定値の分布
がグラフで出力されます。OK ボタンをクリックす
ると，出力ウィンドウにブートストラップ法による
回帰係数の信頼区間（図12.7）と分布（図12.8）が出
力されます。

　分析結果の出力（図12.3）ではじめに，目的変数の観測値
と予測値の差である乖離度（Deviance Residuals）の五数要
約（最小値，第1四分位数，中央値，第3四分位数，最大
値）が出力されます。モデルが妥当であれば，残差はモデ
ルの誤差にあたります。誤差に関する仮定から，中央値は
0に近く，第1四分位数および第3四分位数の絶対値が近
いことが望ましいことになります。残差の五数要約から判
断する限り，このモデルに問題はなさそうです。
　つぎに，回帰係数（Coefficients）の推定結果として，推

図12.6　ブートストラップ信頼区間の設定

```
> .bs.samples <- Boot(GLM.1, R=10000)
+ plotBoot(.bs.samples)

> confint(.bs.samples, level=0.95, type="bca")
Bootstrap bca confidence intervals

                        2.5 %       97.5 %
(Intercept)       -2.16518848  -0.9522908
ストレッサー得点   0.07959299   0.2288386
```

図12.7　ロジスティック回帰モデルの回帰係数のブートストラップ信頼区間の出力

定値と標準誤差が出力され，その右に検定におけるz値および対応するp値（Pr(>|z|)）が出力され，各回帰係数について帰無仮説「回帰係数が0に等しい」を両側検定できます。「（Intercept）」は定数項です。

　この例では，「ストレッサー得点」の回帰係数の推定値は0.15587です。ただし，この推定値には誤差（Error）が0.03871あることを考慮して，回帰係数が0であるという

234

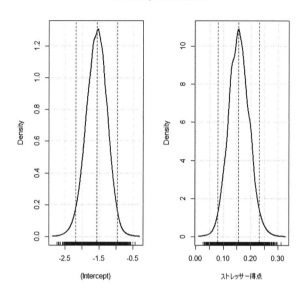

図12.8　ブートストラップ法による回帰係数の推定値の分布

仮説を検定すると，p値0.000056655から帰無仮説は棄却され，「ストレッサー得点」の回帰係数は5％水準で有意であることがわかります。すなわち，ストレッサー得点が高くなると，ノンコンプライアンス行動をとりやすくなります。「ストレッサー得点」をx_1と記すと，ロジスティック回帰モデル

$$p = \frac{e^{-1.56+0.156x_1}}{1+e^{-1.56+0.156x_1}}$$

が得られました。ロジスティック回帰式を利用すると，た

とえばストレッサー得点が10点の人のノンコンプライアンス行動をとる確率は、回帰式に$x_1=10$を代入して$p=0.50$より50％と予測できます。

図12.5のはじめに表示されている回帰係数の信頼区間の出力より、95％信頼区間 [0.081, 0.234] が得られます。

図12.3の「Exponentiated coefficients (″odds ratios″)」に掲載されている値はオッズ比です。この場合のオッズとはノンコンプライアンス行動が「あり」の確率と「なし」の確率の比のことです。「あり」と「なし」が50％ずつならオッズは1になり、「あり」の確率が「なし」の確率よりも大きければオッズは1よりも大きくなります。

オッズ比は、説明変数である「ストレッサー得点」が1増えたときに、オッズがどれくらい増えるかを示したものです。いまの例ではオッズ比が約1.17ですので、ストレッサー得点が1増えると、ノンコンプライアンス行動をとるオッズが1.17倍だけ増えることを意味します。これがストレッサー得点の効果です。

なお、図12.5における回帰係数の信頼区間の出力より、オッズ比の95％信頼区間 [1.085, 1.263] が得られます。

ブートストラップ信頼区間が図12.7に出力されています。「ストレッサー得点」の回帰係数の信頼区間は [0.07959299, 0.2288386] です。データが337名と多いので、正規近似で求めた結果との差は小さいです。オッズ比の信頼区間は、[exp(0.07959299), exp(0.2288386)] を計算して [1.082846, 1.257139] となります。

「Null deviance」「Residual deviance」は回帰モデルとして評価するための統計量です。「Null deviance」は説明変数を

何も考慮しないモデル（Null model と呼びます）とデータとの乖離度です。「Residual deviance」は当てはめたモデルのデータとの乖離度です。モデルを当てはめることによって減少した乖離度の大きさ（Null deviance と Residual deviance との差）でモデルの適合度を測ります。

モデル評価のための指標として AIC の値も出力されます。モデル GLM.1 の AIC は 440.48 であり，ほかのモデルと比較してモデル選択に利用します。

モデルに有意な説明力があるかの検定は，つぎのような手順で尤度比検定で行います。なお，帰無仮説は「モデルのすべての説明変数の回帰係数は 0 である」すなわち「モデルの説明力はない」です。

手順1　R コマンダーのメニューから「モデル」→「仮説検定」→「分散分析表」を選ぶと，「分散分析表」ウィンドウが現れます。

手順2　「検定のタイプ」はデフォルト「Partial obeying marginality("Type II")」のままにします。

手順3　OK ボタンをクリックすると，出力ウィンドウに検定結果が現れます（図 12.9）。

```
> Anova(GLM.1, type="II", test="LR")
Analysis of Deviance Table (Type II tests)

Response: ノンコンプライアンス
                LR Chisq Df Pr(>Chisq)
ストレッサー得点   17.288  1 0.00003211 ***
---
Signif. codes:  0 '***' 0.001 '**' 0.01 '*' 0.05 '.' 0.1 ' ' 1
```

図 12.9　尤度比検定の結果

尤度比検定のp値（Pr(>Chisq)）より有意水準5％で帰無仮説が棄却されますので，モデルの説明力がある，すなわちストレッサー得点はノンコンプライアンス行動への効果があると考えられます。

ロジスティック回帰　説明変数が2つ以上の場合

　説明変数が2つ以上のロジスティック回帰分析について説明します。例として，「ストレッサー得点」「健康統制感」「日常苛立ち」「性別」「年齢コード」の5つの説明変数，「ノンコンプライアンス」を目的変数とする分析を取り上げます。

　上述したRコマンダー「一般化線形モデル」の操作手順の手順4（230ページ）において，説明変数として「ストレッサー得点」「健康統制感」「日常苛立ち」「性別」「年齢コード」を選択します（図12.10）。またモデル名を「GLM.2」とします。そのほかの操作法は同じです。さらに同様の手順で尤度比検定も行います。

　240ページ図12.11に示すように，AICは，GLM.2で445.99，GLM.1では440.48（232ページ図12.3）ですので，はっきりGLM.1の方が良いモデルであることを示しています。

　尤度比検定では，質的変数の個々のダミー変数の回帰係数についての検定ではなく，質的変数そのものの有意性が判断できます。検定の出力（図12.12）より，「ストレッサー得点」は有意ですが，「健康統制感」「日常苛立ち」「性別」および「年齢コード」は有意性が認められません。

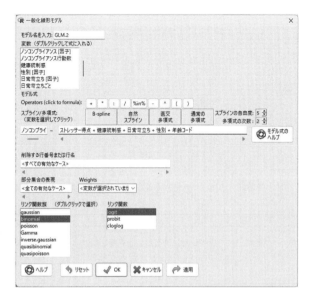

図12.10　説明変数が2変数以上の場合におけるモデルの設定

モデル診断
....

　ロジスティック回帰分析におけるモデル診断では，説明
変数の関数形についての妥当性，および多重共線性や異常
値の存在が主に検討されます。Rコマンダーでは10.3節の
重回帰分析について説明した方法が利用できますので，試
してみてください。

12.3　モデル選択

　ロジスティック回帰分析でも，重回帰分析のときとまっ

```
Deviance Residuals:
     Min      1Q   Median       3Q      Max
 -1.7539  -0.9718  -0.7430   1.1767   2.0317

Coefficients:
                    Estimate Std. Error z value Pr(>|z|)
(Intercept)        -0.944341   0.889877  -1.061 0.288597
ストレッサー得点     0.150974   0.041476   3.640 0.000273 ***
健康統制感          -0.005138   0.008843  -0.581 0.561239
日常苛立ち[T.1]      0.051080   0.307134   0.166 0.867911
日常苛立ち[T.3]      0.599695   0.324020   1.851 0.064199 .
日常苛立ち[T.6]     -0.096627   0.371330  -0.260 0.794696
性別[T.女]          -0.217172   0.244452  -0.888 0.374324
年齢コード[T.2]      0.067677   0.360031   0.188 0.850897
年齢コード[T.3]     -0.549417   0.314589  -1.746 0.080731 .
年齢コード[T.4]      0.055343   0.380837   0.145 0.884458
---
Signif. codes:  0 '***' 0.001 '**' 0.01 '*' 0.05 '.' 0.1 ' ' 1

(Dispersion parameter for binomial family taken to be 1)

    Null deviance: 453.77  on 336  degrees of freedom
Residual deviance: 425.99  on 327  degrees of freedom
AIC: 445.99

Number of Fisher Scoring iterations: 4
```

図12.11　説明変数が2変数以上の場合における出力

```
> Anova(GLM.2, type="II", test="LR")
Analysis of Deviance Table (Type II tests)

Response: ノンコンプライアンス
              LR Chisq Df Pr(>Chisq)
ストレッサー得点  14.0134  1  0.0001815 ***
健康統制感        0.3381  1  0.5609112
日常苛立ち        4.9307  3  0.1769431
性別             0.7884  1  0.3745699
年齢コード        3.9524  3  0.2666533
---
Signif. codes:  0 '***' 0.001 '**' 0.01 '*' 0.05 '.' 0.1 ' ' 1
```

図12.12　尤度比検定の結果

たく同じ手順によって，検定によるモデル比較やAICを利用したモデル選択ができます。

検定によるモデル比較

2つのロジスティック回帰モデルGLM.1とGLM.2を比較

するために，10.4.1項の手順で検定します。検定結果（図12.13）より，2つのモデルに有意差はなく，「ストレッサー得点」のみを説明変数とするモデルで良さそうです。

```
> anova(GLM.1, GLM.2, test="Chisq")
Analysis of Deviance Table

Model 1: ノンコンプライアンス ~ ストレッサー得点
Model 2: ノンコンプライアンス ~ ストレッサー得点 + 健康統制感 +
    日常苛立ち + 性別 + 年齢コード
  Resid. Df Resid. Dev Df Deviance Pr(>Chi)
1       335     436.48
2       327     425.99  8   10.492   0.2322
```

図12.13　モデル比較の検定結果

AICによるモデル選択

初期モデルGLM.2から変数減増法でモデル選択を10.4.2項の手順で実行したときの出力を図12.14，図12.15に示します。

初期モデルGLM.2（AIC：445.99）から出発して，最小AICモデルとして「ストレッサー得点」のみを説明変数とするモデル（AIC：440.5）が得られました。このモデルGLM.1の解釈は上に述べました。したがって，ノンコンプライアンス行動をとる要因として「ストレッサー得点」が考えられ，医療機関において外来患者に対する対策を考えるヒントになります。

```
Start:  AIC=445.99
ノンコンプライアンス ~ ストレッサー得点 + 健康統制感 + 日常苛立ち +
    性別 + 年齢コード

                 Df Deviance    AIC
- 年齢コード        3   429.94 443.94
- 健康統制感        1   426.33 444.33
- 性別             1   426.78 444.78
- 日常苛立ち        3   430.92 444.92
<none>               425.99 445.99
- ストレッサー得点   1   440.01 458.01

Step:  AIC=443.94
ノンコンプライアンス ~ ストレッサー得点 + 健康統制感 + 日常苛立ち + 性別

                 Df Deviance    AIC
- 健康統制感        1   430.24 442.24
- 性別             1   430.55 442.55
- 日常苛立ち        3   435.45 443.45
<none>               429.94 443.94
+ 年齢コード        3   425.99 445.99
- ストレッサー得点   1   445.36 457.36

Step:  AIC=442.24
ノンコンプライアンス ~ ストレッサー得点 + 日常苛立ち + 性別

                 Df Deviance    AIC
- 性別             1   430.84 440.84
- 日常苛立ち        3   435.97 441.97
<none>               430.24 442.24
+ 健康統制感        1   429.94 443.94
+ 年齢コード        3   426.33 444.33
- ストレッサー得点   1   445.52 455.52
```

図12.14　モデル選択の過程（前半）

```
Step:  AIC=440.84
ノンコンプライアンス ~ ストレッサー得点 + 日常苛立ち

                 Df Deviance    AIC
- 日常苛立ち        3   436.48 440.48
<none>               430.84 440.84
+ 性別             1   430.24 442.24
+ 健康統制感        1   430.55 442.55
+ 年齢コード        3   427.13 443.13
- ストレッサー得点   1   446.39 454.39

Step:  AIC=440.48
ノンコンプライアンス ~ ストレッサー得点

                 Df Deviance    AIC
<none>               436.48 440.48
+ 日常苛立ち        3   430.84 440.84
+ 健康統制感        1   435.97 441.97
+ 性別             1   435.97 441.97
+ 年齢コード        3   432.22 442.22
- ストレッサー得点   1   453.77 455.77

Call:  glm(formula = ノンコンプライアンス ~ ストレッサー得点,
    family = binomial(logit), data = PatientStress)

Coefficients:
    (Intercept)  ストレッサー得点
        -1.5597            0.1559

Degrees of Freedom: 336 Total (i.e. Null);  335 Residual
Null Deviance:     453.8
Residual Deviance: 436.5   AIC: 440.5
```

図12.15　モデル選択の過程（後半）

第Ⅲ部
活用編

第**13**章
データセットの準備

RでデータセットをするにあたってR，まずはデータをRで
利用できるような形にする必要があります。この章ではR
でデータセットを準備する方法を紹介します。

データセットを準備する方法には，

- Rコマンダーのデータエディタを使って直接データを
  入力する方法
- Excelなどの表計算ソフトやデータベースソフトのデ
  ータファイルとして用意したデータセットをRにイン
  ポートする方法

があります。データ入力は，小さなデータならばRのデー
タエディタを利用してもいいですが，実用にあたっては，
表計算ソフトなどを用いるのが便利でしょう。

　Rでデータセットを作成したら，Rの形式でデータファ
イルを保存します。ファイルの拡張子には「.RData」が使わ
れます。このファイルを英語で「R workspace」と呼び，R
Consoleの日本語メニューでは「作業スペース」ですが，R
コマンダーの日本語メニューでは「Rワークプレース」とな
っています。本書では「Rワークスペース」を採用しますの

で，Rコマンダーのメニュー操作をするときには注意してください。

13.1　データエディタによる作成

Rのデータエディタを用いて，新規にデータセットを作成する場合，つぎの手順に従います。例として，バイタルサイン（体温，脈拍数，呼吸数，収縮期血圧，拡張期血圧）の5変数からなる10名のデータを入力します。

手順1 Rコマンダーのメニューから「データ」→「新しいデータセット」を選びます。

手順2 現れた「新しいデータセット」ウィンドウの「データセット名を入力」の欄にデータセット名「バイタルサイン」を（デフォルトの「Dataset」に上書き）入力して，OKボタンをクリックします（図13.1）。

図13.1　新しいデータセット名の入力

手順3 「データエディタ」のウィンドウが現れます。例のデータは10名分なので「行の追加」ボタンを9回押して10行に拡張します。変数は5つなので「列の追加」ボタンを押して5列に拡張します。

手順4 表のデフォルトの変数名「V1」…「V5」を，変数の内容がわかりやすいものに変更した方がよいでしょう。たとえば，変数名「V1」を修正するには，「V1」をクリックしてそのセルに新しい変数名「体温」を入力します。入力後カーソルキーでカーソルをつぎのセルに移動して，引き続き変数名を変更します（図13.2）。なお，変数名を数字で始めてはいけません。

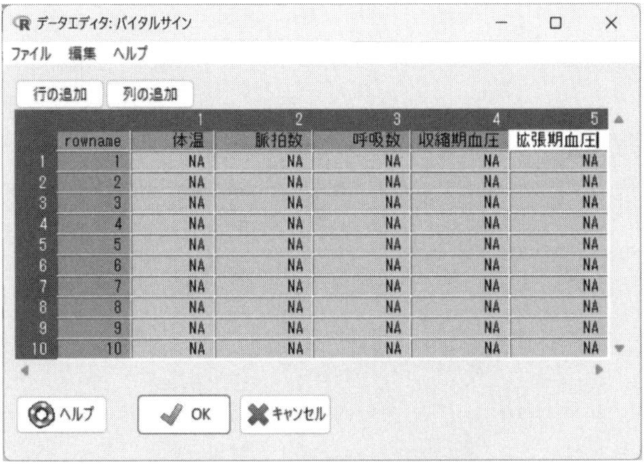

図13.2　データエディタでの変数名の変更

手順5 データを入力するセルには「NA」と表示されています。NA は「not available」の略で，当該セルのデータが欠損していることを表しています。各セルで「NA」に上書きしてデータを入力していきます。ただし，データがない場合は「NA」のままにしておき

ます。

手順6 ▶ データ入力を終了したら，OK ボタンをクリック
してデータエディタを閉じます。これでデータセッ
ト「バイタルサイン」の作成が完了します。「R コマ
ンダー」ウィンドウのメニューの下にある「データ
セット」ボタンにデータセット名「バイタルサイン」
が表示されています（図13.3）。

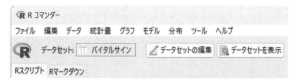

図13.3　Rコマンダーにデータが読み込まれた

いくつかの注意点を述べておきます。

● 空白を含む変数名や文字列データを入力するとき，名
前や文字列を半角の引用符 ˝ ˝ で囲む必要がありま
す。たとえば「vital sign」ではなく，「˝vital sign˝」と
するか，空白を使わずに「vital.sign」や「vital_sign」な
どのようにします。

● 変数名やデータに使用できない文字があります。たと
えば，「-」（ハイフン）を使用するとエラーメッセージ
が出ますので，ほかの文字に置き換えてください。ま
た，全角文字のような2バイト文字は文字化けするこ
とがあります。その場合は，適宜ほかの語や1バイト
文字に置き換えてください。

● データエディタで入力した段階における変数のタイプ

は，データが数字のみならば数値変数となり，データ
が数字以外のものを含むならば非数値変数(質的変数，
因子)となっています。数値変数から因子への変更方
法はデータ管理の章(第14章)で説明します。

●正しくデータを入力できたかを，「データセットを表
示」ボタンをクリックして現れるデータビューアで確
認することを勧めます。

13.2　データファイルからのインポート

　実際にはデータがファイルとして与えられて，それをR
にインポートすることが多いでしょう。また，データファ
イルを新規に作成するときも，Rのデータエディタを使う
よりもExcelなどの表計算ソフトを使う方が便利です。

　Rコマンダーのメニュー操作では，テキストファイル・
SPSSデータセット・SASエクスポートファイル・SAS
b7dataデータセット・Minitabデータセット・STATAデ
ータセット・Excelファイルから，データをインポートで
きます。また，データファイルからデータのすべてあるい
は一部をインポートしたいときは，クリップボードを利用
する方法があります。この方法はウェブサイトに掲載され
ているデータをインポートするときにも適用できます。

　ここではテキストファイルとExcelファイルからのイン
ポート，およびクリップボードを介したインポートについ
て解説します。

▶ 13.2.1　テキストファイルからのインポート

　ほとんどのソフトはファイルをテキスト形式でエクスポートできます。したがって，上述したソフト以外のデータファイルからもRコマンダーにインポートしてデータを利用することができます。

　まず，テキストエディタや表計算ソフトを利用して，データファイルをテキストファイル形式で作成します。データはつぎのようなフォーマットで入力するようにします。

　変数名を含むときは，ファイルの1行目に変数名を記載し，2行目からデータを置きます。変数名を含めないときは，1行目からデータを置きます（変数名はインポート後に付けられます）。各ケースのデータを1行ずつ記述します。変数の名前や値を区切るフィールドの区切り記号として，空白・カンマ・セミコロン・タブ・その他指定したものが使えます。

　Rにおいて小数点の記号としてピリオドとカンマが使用できますが，日本では慣習により小数点にはピリオドを使います。桁区切りにカンマを使用した場合，フィールドの区切り記号にはカンマは使わないようにしましょう。

　また，文字変数に空白が含まれたり，欠損値を空白で表したりすることもあるでしょうから，フィールドの区切り記号にはタブを用いることを勧めます。

　表計算ソフトの場合，データをタブ区切りのテキストファイルとして保存するのが安全であるといえます（よく利用されるCSV形式はカンマ区切りのテキストファイルです）。

演習のために特設サイトからダウンロードできるExcel形式のデータファイル「外来患者心理的ストレス.xlsx」のデータをタブ区切りのテキストファイル形式で「外来患者心理的ストレス.txt」という名前で保存してください（図13.4）。

　Excelファイルをテキスト形式で保存するには，Excelのメニューで「ファイル」→「名前を付けて保存」を実行する際，「ファイルの種類」の欄で「テキスト(タブ区切り)(*.txt)」を指定して保存します。

　なお，Excelを使わない読者のために，本書の特設サイトにテキストファイル「外来患者心理的ストレス.txt」を用意していますので，ダウンロードしてください。

図13.4　Excelでデータをテキストファイルとして保存

　データファイルが準備できたら，以下の手順によりテキストファイルからRにデータをインポートします。例とし

て「外来患者心理的ストレス.txt」をインポートしてみましょう。

手順1 R コマンダーのメニューから「データ」→「データのインポート」→「テキストファイルまたはクリップボード，URL から...」を選びます。設定用ウィンドウが現れます（図 13.5）。

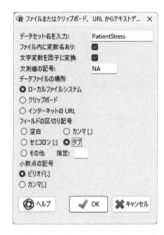

図13.5　テキストファイルからのインポートにおける設定

手順2 「データセット名を入力」の欄にデータセット名を，デフォルトの名前「Dataset」に上書き入力します。ここでは「PatientStress」と入力します。

手順3 データファイルに変数名を含むときは，「ファイル内に変数名あり」のチェックボックスにチェックを付け，含まないときはチェックを外します。

手順4 ▶ 「欠測値の記号」の欄には，データファイルにおけ
る欠測値の表記（たとえば「不明」「−9」など）を入
力します。欠測値を空「　」で表している場合は，デ
フォルトの「NA」のままで構いません。ここではデ
フォルトのままにします。

手順5 ▶ 「データファイルの場所」で「ローカルファイルシ
ステム」を選択します。

手順6 ▶ 「フィールドの区切り記号」の項目と「小数点の記
号」の項目において該当するものを選択します。た
だし，フィールドの区切り記号として「その他」のも
のを採用したときは「指定」の欄にその記号を入力
します。ここでは「タブ」を指定します。

手順7 ▶ OK ボタンをクリックします。現れた「開く」ウィ
ンドウでインポートするテキストファイルを指定
します。

手順8 ▶ 「開く」ボタンをクリックすると，R コマンダーに
データがインポートされます。「メッセージ」ウィ
ンドウにデータセット名とデータの行数と列数が
表示されます（図13.6）。

```
メッセージ
[1] メモ: Rコマンダーのバージョン 2.8-0: Fri Feb 10 12:44:42 2023
[2] メモ: R Version 4.2.2
[3] メモ: Hello Hemmi Isao
[4] メモ: データセット PatientStress には 337 行、8 列あります。
```

図13.6　Rコマンダーのメッセージウィンドウの表示

手順9 ▶ メニューのすぐ下にある「データセットを表示」ボ
タンをクリックすると，現れたウィンドウにデータ

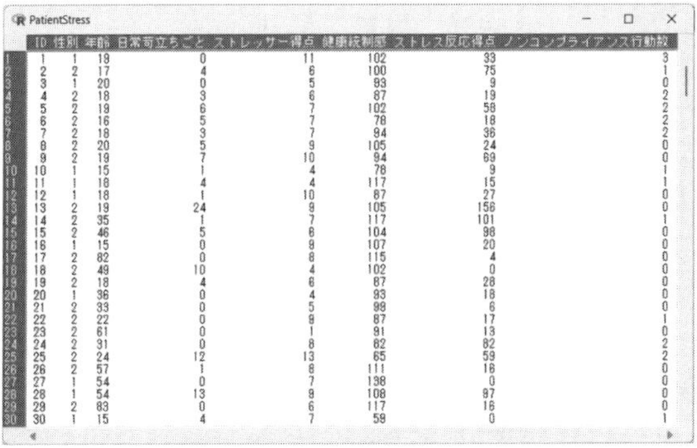

	ID	性別	年齢	日常苛立ちごと	ストレッサー得点	健康統制感	ストレス反応得点	ノンコンプライアンス行動数
1	1	1	18	0	11	102	33	3
2	2	2	17	4	6	100	75	1
3	3	1	20	0	5	83	9	0
4	4	2	18	3	6	87	19	2
5	5	2	19	6	7	102	58	2
6	6	2	16	5	7	78	18	2
7	7	2	18	3	7	94	36	2
8	8	2	20	5	9	105	24	0
9	9	2	19	7	10	94	69	0
10	10	1	15	1	4	78	9	1
11	11	1	18	4	4	117	15	1
12	12	1	18	1	10	87	27	0
13	13	2	19	24	9	105	156	0
14	14	2	35	1	7	117	101	1
15	15	2	46	5	6	104	98	0
16	16	1	15	0	9	107	20	0
17	17	2	82	0	8	115	4	0
18	18	2	49	10	4	102	0	0
19	19	2	18	4	6	87	28	0
20	20	1	36	0	4	93	18	0
21	21	2	33	0	5	98	6	0
22	22	2	22	0	9	87	17	1
23	23	2	61	0	1	91	13	0
24	24	2	31	0	8	82	82	2
25	25	2	24	12	13	65	59	2
26	26	2	57	1	8	111	16	0
27	27	1	54	0	7	138	0	0
28	28	1	54	13	9	108	97	0
29	29	2	83	0	6	117	16	0
30	30	1	15	4	7	59	0	1

図13.7　インポートしたデータの確認

が表示されますので，データが正しくインポートされたことを確認できます（図13.7）。

13.2.2　Excelファイルからのインポート

Excelファイルから直接データをRにインポートすることもできます。もしインポートに失敗した場合は，Excelのシートでインポートしたい箇所をコピーしてクリップボードからインポートする方法，あるいはデータファイルをテキスト形式で保存してテキストファイルからインポートする方法を試してください。例としてExcelファイル「外来患者心理的ストレス.xlsx」をインポートしてみましょう。

手順1 Rコマンダーのメニューから「データ」→「データのインポート」→「エクセルファイルから」を選びます。「エクセルデータセットのインポート」ウィンドウが現れます。

手順2 「データセット名を入力」欄にデータセット名を，デフォルトの名前「Dataset」に上書き入力します。例ではデータセット名を「PatientStress」とします。

手順3 スプレッドシートの1行目に変数名を含むときは，「スプレッドシートの1行目の変数名」のチェックボックスにチェックを付けます。含まないときはチェックを外します。

手順4 スプレッドシートの1列目（Excel の A 列）にケースの名前や ID が入力されていて，1行1列（Excel の A1）のセルが空のときは，「スプレッドシートの1列目の行名」のチェックボックスにチェックを付けます。そうでないときはチェックを外します。

手順5 文字列データを因子（非数値データ）としたいときは，「文字列を因子に変換」のチェックボックスにチェックを付けます。

手順6 「欠測値の記号」の欄には，Excel ファイルにおける欠測値の表記を入力します。欠測値のときセルを空にしている場合は，デフォルト〈空のセル〉のままとします（図13.8）。

手順7 OK ボタンをクリックすると，ファイルを開くためのウィンドウが開くので，インポートしたいExcel ファイルを指定します。

手順8 「開く」ボタンをクリックすると，R コマンダーにデータがインポートされます。Excel ファイルに複数のシートがある場合はシートのリストが現れるので，インポートしたいデータがあるシートを選択して，OK ボタンをクリックします。

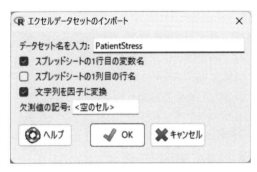

図13.8　Excelファイルからのインポート設定

▶ 13.2.3　クリップボードからのインポート

テキストエディタやExcelのファイルからデータをインポートする方法としては，クリップボードを利用する方法が最も簡便です。また，データがExcelのシートの1行目1列目から始まるフォーマットでないときや，ウェブサイトからのインポートでも使えます。

ExcelファイルからRにデータをインポートする場合で説明します。

手順1　インポートしたいデータファイルを開きます。

手順2　インポートしたいデータの範囲を選択し，コピーします。

手順3　Rコマンダーのメニューから«データ»→«データのインポート»→«テキストファイルまたはクリップボード，URL から...»を選びます。設定用ウィンドウが現れます。

手順4 「データセット名を入力」の欄にデータセット名を，デフォルトの名前「Dataset」に上書き入力します。例ではデータセット名を「PatientStress」とします。

手順5 選択した範囲に変数名を含むときは，「ファイル内に変数名あり」のチェックボックスにチェックを付け，含まないときはチェックを外します。

手順6 「欠測値の記号」の欄には，データファイルにおける欠測値の表記を入力します。欠測値を空「　」で表している場合は，デフォルトの「NA」のままで構いません。

手順7 「データファイルの場所」で「クリップボード」を選択します。

手順8 「フィールドの区切り記号」の項目と「小数点の記号」の項目において該当するものを選択します。ただし，フィールドの区切り記号として「その他」のものを採用したときは「指定」の欄にその記号を入力します。Excel ファイルの場合は「空白」または「タブ」を指定します（図13.9）。

手順9 OK ボタンをクリックすると，R コマンダーにデータがインポートされます。

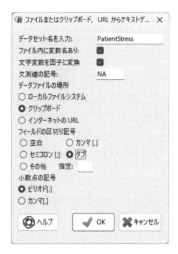

図13.9　クリップボードからのインポート設定

13.3　データセットの保存と読み込み

　新規にデータセットを作成したら，Rの形式でデータファイルを保存しましょう。

　Rコマンダーのメニューでは，Rのデータファイル「R workspace」の訳語として「Rワークプレース」が使われていますが，R Console メニューでの訳語は「作業スペース」となっていますので注意してください。

▶ 13.3.1　データセットの保存

　データセットの保存法は，Rコマンダーによる方法とR Consoleによる方法があります。ここではRコマンダーのメニュー操作による方法を示します。

手順1 Rコマンダーのメニューから「ファイル」→「Rワークプレースに名前をつけて保存」を選びます。「名前を付けて保存」ウィンドウが現れます。

手順2 通常のファイル保存の要領で，「ファイル名」の欄において拡張子「.RData」の前に名前を入力して，「保存」ボタンをクリックします。

▶ 13.3.2 データセットの読み込み

Rワークスペースを読み込むためのメニューがRコマンダーにはありません。読み込みにはR Consoleを操作します。

Rワークスペース（作業スペース）をつぎの手順で読み込みます。

手順1 R Console メニューから「ファイル」→「作業スペースの読み込み」を選びます。「ロードする image の選択」ウィンドウが現れます。

手順2 通常のファイルを読み込む要領で，作業スペースのファイルを指定して「開く」ボタンをクリックします。

13.4 データセットのエクスポート

アクティブデータセットをテキスト形式で外部ファイルにエクスポートすることで，ほかのソフトにおいてテキストファイルからインポートしてデータを活用できます。

エクスポートの手順はつぎのとおりです。

手順1 Rコマンダーのメニューから「データ」→「アクティブデータセット」→「アクティブデータセットのエクスポート」を選択します。

手順2 現れた「アクティブデータセットのエクスポート」ウィンドウで，テキストファイルからのインポートと同じように，書式を指定します。「フィールドの区切り記号」に迷ったら「タブ」を指定すればよいでしょう（図13.10）。OKボタンをクリックします。

手順3 現れた「名前を付けて保存」ウィンドウで，通常のファイルを保存する手順に従って，名前を付けて保存します（図13.11）。

図13.10　データセットのエクスポートの設定

図13.11　データセットのエクスポートにおけるテキストファイルの保存

第 **14** 章

変数およびデータの管理

変数の管理とは，データセット中の変数から新しい変数を作成することや，質的変数（因子）のカテゴリー（水準）を再カテゴリー化する操作をいいます。データの管理は，データセットの結合や，データセットからケースを削除するような操作です。

本章では頻度が比較的高いものを選んで説明します。

第13章でインポートして作成したデータファイル「外来患者心理的ストレス.RData」を用意してください。このファイルは特設サイトからもダウンロードできます。

14.1 新しい変数の計算

データセットに体重と身長のデータがあり，これらから肥満度の指標であるBMI（Body Mass Index）を計算するというように，データセットにある変数から新しい変数を作成することがあります。また，変数の分布が歪んでいる場合，対数変換や平方根変換によって解析に用いる新しい変数を作ることもあります。

ここでは，外来患者の心理的ストレスのデータにある変

数「ストレス反応得点」を平方根変換して，新しい変数「ストレス反応」を作成する例で，操作手順を説明します。平方根変換とはもとの変数の平方根を，新しい変数とする操作です。

手順1 Rコマンダーのメニューから「データ」→「アクティブデータセット内の変数の管理」→「新しい変数を計算」を選ぶと，「新しい変数の計算」ウィンドウが現れます。

手順2 「新しい変数名」の欄に新しい変数の名前「ストレス反応」を入力します。

手順3 「計算式」の欄に新しい変数を計算するための計算式を入力します。既存の変数は名前をタイプしなくても，「現在の変数」の欄にある名前をダブルクリックすることにより正しく入力できます。ここでは平方根をとる関数「sqrt」を使って，計算式「sqrt(ストレス反応得点)」を入力します（図14.1）。

図14.1　新しい変数の計算

手順 4 ▶ OK ボタンをクリックすると，データセットに新しい変数「ストレス反応」が加わります。

　新しい変数の計算結果を丸めて，指定した小数点以下の桁数まで求めたいとき，関数「round(,)」を用います。たとえば，BMIは身長（cm）と体重（kg）からの計算結果を小数第一位まで表示しますので，「round(体重/(.01*身長)^2,1)」と入力します。また，データの有効数字を考慮した有効桁数で表示したいときは，関数「signif(,)」を用います。
　計算式においてよく使われる演算子と関数を290ページ付録2と291ページ付録3に掲載しましたので，参照してください。

14.2　因子の管理

▶ **14.2.1　変数の再コード化**

　数値変数をカテゴリーに分類したり，因子（非数値変数，質的変数，カテゴリカル変数）の細かく分類されたカテゴリー（水準）を合併してコードを付け直したりすることを，再コード化といいます。再コード化にはつぎの種類があります。

数値変数から因子の作成　数値変数の値により定義されるカテゴリーからなる因子を作成します。たとえば年齢の数値に基づいて，15歳以上24歳以下を「青年」，25歳以上44歳以下を「壮年」，45歳以上64歳以下を「中年」，65歳以上を「高年」とする4つのカテゴ

リーからなる新しい因子「年齢区分」を作ります。

因子の再カテゴリー化 もとの因子の複数のカテゴリーをまとめた新しいカテゴリーからなる因子を作成します。たとえば，4つのカテゴリー「青年」「壮年」「中年」「高年」のうち，「中年」と「高年」の2つを統合して「青年」「壮年」「中高年」の3カテゴリーからなる因子を作成します。

　再コード化の例として，「年齢」の数値に基づいて，4つのカテゴリー「青年」「壮年」「中年」「高年」に分けて，新しい変数「年齢区分」を作ってみましょう。

手順1 Rコマンダーのメニューから「データ」→「アクティブデータセット内の変数の管理」→「変数の再コード化」を選ぶと，「変数の再コード化」ウィンドウが現れます。

手順2 「再コード化の変数（1つ以上選択）」の変数リストから再コード化する変数を選択します。ここでは「年齢」を指定します。

手順3 「新しい変数名または複数の再コード化に対する接頭文字列」の欄に，再コード化して作る新しい変数の名前を入力します。ここでは「年齢区分」と入力します。

手順4 「新しい変数を因子に変更」のチェックボックスにチェックが付いていることを確認します。ただし，新しい変数のコードが数値であり，数値変数として扱いたいときは，チェックを外します。

手順5 「再コード化の方法を入力」欄に，新しい水準を定義する式を入力します。再コード化する新しい水準を式の左辺にもとの変数の値で表し，右辺に新しい変数の値（水準名）を引用符の中に記します（図14.2）。**数値変数から因子を作成する場合** 水準を定義する式で，左辺に量的変数の下限値と上限値をコロンで区切って指定し，右辺に因子の水準名を入力します。たとえば年齢が15以上で24以下ならば「14：24=″青年″」のように入力します。下限値は含まず，上限値を含むので注意してください。とくに最小のカテゴリーをある数値以下として定義したいときは，「lo：14=″幼少年″」のようにカテゴリーの下限値を指定せず「lo」（「low」の略）で表します。同様に最大のカテゴリーをある数値より大きいとして定義したいときは，「64：hi=″高年″」のようにカテゴリーの上限値を指定せず「hi」（「high」の略）で表します。左辺で示した値のとき欠測値とする場合，右辺を「NA」とします。例外の処理をするために，最終行に「else = NA」を追記しておくことを勧めます。今回の例では

14：24 =″青年″
24：44 =″壮年″
44：64 =″中年″
64：hi =″高年″
else = NA

を入力します。
因子の再カテゴリー化の場合 もとの変数が数値コ

ードで表された因子や離散値変数の場合，新しいカ
テゴリーの定義式の左辺において，もとの変数の値
をカンマで区切って明示できます。たとえば，もと
の変数の値が1，2，3のとき，新しい変数のコード
を「正常」と定義する場合，「1，2，3 = ″正常″」の
ように入力します。また，2つのカテゴリー「中年」
と「高年」を統合して「中高年」とするとき，「″中
年″，″高年″=″中高年″」と入力します。

図14.2　再コード化の定義

手順6 OK ボタンをクリックすると，再コード化した変
数が作られます。

▶ 14.2.2　数値変数を因子に変換

前項で，数値変数を因子に変換する一般的な方法とし

て，再コード化について解説しました。本項では，数値変
数を因子に自動的に変換する2つの方法について述べま
す。

数値変数を因子に変換

　因子の水準を表すコードとして数字が使われることがあ
ります。たとえば，性別について男性を1，女性を2の数
値で表したり，食べ物の嗜好について5段階評価で回答を
1から5の数値で表したりします。データセットをインポ
ートしたとき，これらの変数はRにおいて数値変数に設定
されますので，因子に変換する必要があります。

　ここでは，性別のコード1と2をそれぞれ水準「男」と
「女」に変換する例で，手順を示します。

手順1▶ Rコマンダーのメニューから「データ」→「アクテ
　　　　 ィブデータセット内の変数の管理」→「数値変数を
　　　　 因子に変換」を選択します。

手順2▶ 現れた「数値変数を因子に変換」ウィンドウで，
　　　　 「変数（1つ以上選択）」の枠から変換したい変数を選
　　　　 択します。ここでは「性別」を選びます。

手順3▶ もとの変数と同じ名前で新しい因子に置き換える
　　　　 場合，「新しい変数名または複数の変数に対する接
　　　　 頭文字列」の欄をデフォルト〈変数と同じ〉のままに
　　　　 します。もとの変数を残して新しく因子をデータセ
　　　　 ットに付け加える場合，欄に因子の名前を入力しま
　　　　 す。ここでは，デフォルトの設定のままにします
　　　　 （図14.3）。

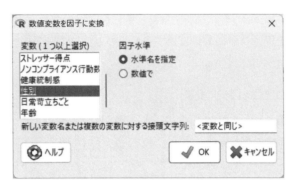

図14.3　数値変数から因子への変換

手順4 「因子水準」の設定で，水準の名前を付けたいとき
は「水準名を指定」を選択し，OK ボタンをクリック
すると，ウィンドウ「水準名」が現れるので手順5に
進みます。水準を数値1，2，…で表したいときは
「数値で」を選択して，OK ボタンをクリックする
と，変換を終了します。ここでは，「水準名を指定」
を選びます。

手順5 「水準名」ウィンドウで水準に名前を付けます。も
との変数の「数値」に対応する水準の名前を「水準名」

図14.4　因子水準に名前を付ける

の欄に入力します。ここでは，数値 1 に対する水準名を「男」，数値 2 に対する水準名を「女」と入力します（図 14.4）。すべての水準について名前を入力して OK ボタンをクリックすると，変換を終了します。

数値変数を区間で区分して因子に変換

　数値変数を因子に変換する方法に，区間で区分して因子に変換する機能があります。区分する 3 つの方法があり，「数値変数を等しい幅になるように区間に分割」「度数が等しくなるように区間に分割」「k 平均クラスタリングにより分割」から選択できます。

　k 平均クラスタリングとは，各区間において数値変数の性質がなるべく似たものが集まるように区分する方法です。k 平均クラスタリングは，性質の異なる集団が混在している可能性がある場合に試してみるのもよいでしょう。ここでは例として，変数「健康統制感」を因子に変換して，新しい変数「健康統制感factor」を作ります。

手順 1 ▶ R コマンダーのメニューから「データ」→「アクティブデータセット内の変数の管理」→「数値変数を区間で区分」を選びます。「数値変数を区間に分ける」ウィンドウが現れます。

手順 2 ▶「区間に分ける変数（1 つ選択）」枠から変換する変数を選びます。ここでは「健康統制感」を選びます。

手順 3 ▶「新しい変数名」の欄に，変換により新しく作る因子の名前を入力します。ここでは「健康統制感factor」と入力します（図 14.5）。

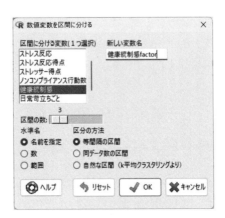

図14.5 数値変数を区間で区分

手順4 「区間の数」を，右にあるバーをマウスで左右に調整して，指定します。ここでは3とします。

手順5 「水準名」で，各水準に名前を付けるならば「名前を指定」を選びます。水準を数値1，2，…のコードにするならば「数」に，水準の下限値と上限値で表すならば「範囲」に設定すると，水準名は自動的に付きます。

手順6 「区分の方法」を設定します。各水準の区間幅が等しくなるようにするときは「等間隔の区間」を選択します。各水準の度数が等しくなるようにするときは「同データ数の区間」を選択します。クラスター分析の手法であるk平均クラスタリングにより区分するときは，「自然な区間（k平均クラスタリングより）」を選択します。ここでは「等間隔の区間」を選びます。

手順7 OK ボタンをクリックします。手順5で「水準名」に「名前を指定」を選んだ場合は手順8に進みます。その他の場合は終了します。

手順8 「区間名」ウィンドウで区間の名前を「名前」の欄に入力します（図14.6）。OK ボタンをクリックすると，変換が終了します。

図14.6　区間名の指定

▶ 14.2.3　因子水準の順序を変更

　因子の水準の順序は，デフォルトでは文字コードの辞書順に設定されます。水準間に順序関係がある順序尺度の場合，水準の順序を低い方から高い方に付ける必要があります。また，順序関係がない名義尺度の場合でも，出力の順番は設定された順序に従います。たとえば，「年齢区分」を「青年」から「高年」までの年齢順に変更する場合を考えましょう。

手順1 R コマンダーのメニューから「データ」→「アクティブデータセット内の変数の管理」→「因子水準を再順序化」を選びます。「因子水準の再順序づけ」ウィンドウが現れます。

手順2 「因子（1つ選択）」の枠から因子水準の順序を変更したい因子を選択します。ここでは「年齢区分」を選びます（図14.7）。

手順3 もとの因子を同じ名前で新しい因子に置き換える場合，「因子の名前」の欄をデフォルト〈元と同じ〉のままにします。もとの因子を残して新しく因子をデータセットに付け加える場合，「因子の名前」の欄に因子の名前を入力します。

手順4 「順序のある因子の作成」のチェックボックスにチェックを付けます。

手順5 OK ボタンをクリックすると，「水準の再順序づけ」ウィンドウが現れます。

手順6 「元の水準」に対応する「新しい順序」の欄に，水

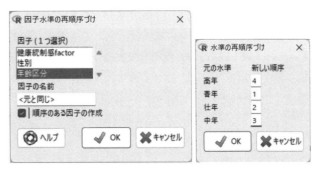

図14.7（左），図14.8（右） 因子水準の順序の変更手順

準の順序を数値で入力します（図14.8）。

手順7 OK ボタンをクリックすると，変更が完了します。

▶ 14.2.4 利用されていない因子水準の削除

因子のデータを解析するとき，水準のなかに該当するデータがないと支障が生じることが多いので，その利用されていない水準を削除します。

手順1 R コマンダーのメニューから「データ」→「アクティブデータセット内の変数の管理」→「利用されていない因子水準の削除」を選ぶと「利用されていない因子水準の削除」ウィンドウが現れます（図14.9）。

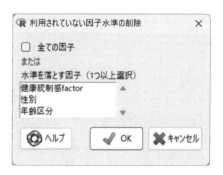

図14.9　因子水準の削除

手順2 すべての因子について操作する場合は「全ての因子」のチェックボックスにチェックを付け，一部の因子のみ水準を削除する場合は「水準を落とす因子（1つ以上選択）」枠から削除する因子を選択します。

OK ボタンをクリックすると，削除を確認するメッセージが出ますので，確認の上 OK ボタンをクリックすると，削除の完了です。

14.3 変数の標準化

数値型の変数を平均が0，標準偏差が1に変換することを標準化といいます。たとえば，「ストレッサー得点」の平均が7.30で，標準偏差が3.05ならば，「ストレッサー得点」10の標準化した値は

$$(10\text{-}7.30)\,/3.05=0.885$$

となります。この値は，標準偏差を単位として平均より0.885大きいことを示しています。Rコマンダーでは，標準化したい変数を指定して，新しい変数として追加できます。

手順1 R コマンダーのメニューから「データ」→「アクティブデータセット内の変数の管理」→「変数の標準化」を選ぶと「変数の標準化」ウィンドウが現れます。

手順2 「変数（1つ以上選択）」の枠から標準化する変数（複数可）を指定します（図 14.10）。

手順3 OK をクリックすると，標準化した変数が新しくデータセットに加わります。このとき変数名は，標準化した変数の名前の頭に「Z.」を付けたものになっています。たとえば，変数「ストレッサー得点」を標準化した変数名は「Z.ストレッサー得点」となります。

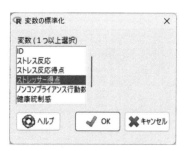

図14.10　標準化する変数の指定

14.4　データセットの管理

▶ 14.4.1　変数名の変更

変数の名前を変更するには，以下の手順に従います。

手順1 Rコマンダーのメニューから「データ」→「アクティブデータセット内の変数の管理」→「変数名をつけ直す」を選びます。「変数名の変更」ウィンドウが現れます。

手順2 「変数（1つ以上選択）」の枠で，変更したい変数を指定して，OKボタンをクリックします。

手順3 現れた「変数名」ウィンドウで，「元の名前」にあるもとの変数名に対応する「新しい名前」の欄に新しい変数名を入力します（図14.11）。OKボタンをクリックすると，変数名の変更が完了します。

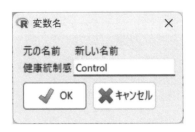

図14.11　新しい変数名の入力

▶ 14.4.2　変数をデータセットから削除

データセットから変数を削除するときは，以下の手順で
行います。

手順1 ▶ R コマンダーのメニューから「データ」→「アクティ
　　　　　 ブデータセット内の変数の管理」→「データセッ
　　　　　 トから変数を削除」を選ぶと，「変数の削除」ウィン
　　　　　 ドウが現れます。
手順2 ▶ 「削除する変数（1つ以上を選択）」の枠で，削除し
　　　　　 たい変数を指定して，OK ボタンをクリックします。
手順3 ▶ 本当に変数を削除してよいかどうかを確認するウ
　　　　　 ィンドウが出ます。
手順4 ▶ OK ボタンをクリックすると削除が完了します。

▶ 14.4.3　データセットの結合

R ワークスペースにある 2 つのデータセットを結合し
て，1 つのデータセットを作成する機能です。R コマンダ

ーでは，変数が異なる2つのデータセットを結合する「列
の結合」と，ケースが異なる2つのデータセットを結合す
る「行の結合」の2種類があります。

列の結合

　含まれる変数が異なる2つのデータセットを結合する手
順を示します。

　Rコマンダーには複数のデータセットがあるとします。

手順1 ▶ Rコマンダーのメニューから「データ」→「データ
　　　　　セットの結合」を選びます。「データセットの結合」
　　　　　ウィンドウが現れます。

手順2 ▶ 「結合したデータセット名」の欄にデータセット名
　　　　　を入力します。

手順3 ▶ 結合するデータセットを「1番目のデータセット
　　　　　（1つ選択）」と「2番目のデータセット（1つ選択）」
　　　　　の枠から指定します。

手順4 ▶ 「結合の方法」において，「列単位での結合」を選び
　　　　　ます。「共通の行または列のみ結合」のチェックボ
　　　　　ックスにチェックを付けないままだと，一方のデー
　　　　　タセットにないケースも，新しいデータセットに含
　　　　　まれます。チェックボックスにチェックを付ける
　　　　　と，2つのデータセットに共通するケースのみが新
　　　　　しいデータセットに含まれます。

手順5 ▶ OKボタンをクリックすると，データセットの結
　　　　　合が完了します。

行の結合

　含まれるケースが異なる2つのデータセットを結合する手順を示します。

　Rコマンダーには複数のデータセットがあるとします。

手順1 ▶ Rコマンダーのメニューから「データ」→「データセットの結合」を選びます。「データセットの結合」ウィンドウが現れます。

手順2 ▶ 「結合したデータセット名」の欄にデータセット名を入力します。

手順3 ▶ 結合するデータセットを「1番目のデータセット（1つ選択）」と「2番目のデータセット（1つ選択）」の枠から指定します。

手順4 ▶ 「結合の方法」において，「行単位での結合」を選びます。「共通の行または列のみ結合」のチェックボックスにチェックを付けないままだと，一方のデータセットにない変数も，新しいデータセットに含まれます。チェックボックスにチェックを付けると，2つのデータセットに共通する変数のみが新しいデータセットに含まれます。

手順5 ▶ OKボタンをクリックすると，データセットの結合が完了します。

14.5　アクティブデータセットの扱い

　Rでは，2つ以上のデータセットをメモリーに読み込ん

で，処理することができます。データセット中の変数は，「データセット名$変数名」で表されます。

　たとえば，データセット「PatientStress」に含まれる変数「性別」の変数名は，正式には「PatientStress$性別」です。しかし，正式な名称では，長くて使いにくいので，直接操作する特定のデータセットを「アクティブ」にすると，アクティブなデータセット内にある変数の指定が簡単になります。

　すなわち，データセット「PatientStress」をアクティブデータセットに指定すると，データセット名を省略して「性別」とすれば，それは「PatientStress$性別」を意味します。他方，アクティブでないデータセット中の変数を参照するには，正式な名称を用いなければなりません。

▶ 14.5.1　アクティブデータセットの指定

　Rに読み込まれている複数のデータセットの中から，1つを選んでアクティブにする方法はつぎのとおりです。

手順1 ▶「R コマンダー」ウィンドウのメニューの下にある「データセット」ボタンをクリックします。

手順2 ▶ 現れた「データセットの選択」ウィンドウで，「データセット（1つ選択）」の枠からアクティブにするデータセットを指定して，OK ボタンをクリックします。

▶ 14.5.2　ケースの削除

　外れ値などをもつようなケースをデータ解析の対象から

除外したいことがあります。そのような場合，以下のように
にアクティブデータセットからケースを削除します。

手順1 Rコマンダーのメニューから「データ」→「アクティブデータセット」→「アクティブデータセットから行を削除」を選ぶと，設定のためのウィンドウが現れます。

手順2 「削除する行番号または行名」の欄に，削除したいケースの行番号または行名を入力します。複数のケースを削除したいときは，ケースの行番号または行名をスペースで区切って入力します（図14.12）。

手順3 ケースを削除したデータセットを，削除前のデータセットと置き換えてもよいとき，「新しいデータセットの名前」の欄はデフォルト〈アクティブデータセットと同じ〉のままにして，OKボタンをクリックします。新しく名前を付けるときは，欄に名前を入力して，OKボタンをクリックします。

図14.12 削除するケースの指定

▶ 14.5.3　欠測値のあるケースの削除

　欠測値のあるケースを除外して，すべての変数のデータが揃ったケースのみを対象にデータ解析を行うことがよくあります。そのような場合，以下のように欠測値のあるケースを削除します。

手順1 ▶ Rコマンダーのメニューから「データ」→「アクティブデータセット」→「欠測値のあるケースを削除」を選ぶと，「欠測値の削除」ウィンドウが現れます（図 14.13）。

手順2 ▶ どの変数が欠測値のときケースを削除するかを指定します。指定した変数が欠測値であるケースを削除して作成するデータセットにすべての変数を含めたいとき，「すべての変数を含む」のチェックボックスにチェックを付けます。特定の変数のみをデータセットに含めるときは，「変数（1つ以上選択）」の枠からその変数を指定します。

手順3 ▶ 欠測値を含むケースを削除したデータセットに，新しく名前を付けるとき，「新しいデータセットの名前」の欄に名前を入力して，OK ボタンをクリックします。欠測値を含むケースを削除したデータセットを，削除前のデータセットと置き換えてもよいとき，「新しいデータセットの名前」の欄はデフォルト〈アクティブデータセットと同じ〉のままにして，OK ボタンをクリックします。

図14.13　欠測値のあるケースの削除

▶ 14.5.4　アクティブデータセットの部分集合の抽出

　アクティブデータセットから，ある条件を満たすケースを抽出して新しいデータセットを作成する手順について説明します。たとえば，データセット「PatientStress」から変数「性別」が「女」のケースを抽出する場合です。

手順1 ▶ Rコマンダーのメニューから「データ」→「アクティブデータセット」→「アクティブデータセットの部分集合を抽出」を選ぶと，「データセットから部分的に抽出」ウィンドウが現れます（図14.14）。

手順2 ▶ 部分集合にすべての変数を含めるとき，「すべての変数を含む」のチェックボックスにチェックを付けます。部分集合に特定の変数のみを含めるときは，「変数(1つ以上選択)」の枠から含めたい変数を指定します。

手順3 「部分集合の表現」の欄に，ケースを抽出する条件を論理式で記述します。たとえば，変数「性別」が「女」に等しいケースを抽出する場合，「性別＝＝"女"」と入力します。イコールが2つになっていることに注意してください。

手順4 部分集合のデータセットに新しい名前を付けるため，「新しいデータセットの名前」の欄に名前を入力します。ただし，もとのデータセットを部分集合で置き換えてよいならば，「新しいデータセットの名前」の欄はデフォルト〈アクティブデータセットと同じ〉のままにしておきます。ここでは，データセット名は「女性」と入力します。

手順5 OKボタンをクリックすると，部分集合のデータセットが作成されます。

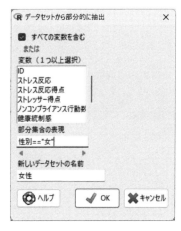

図14.14　部分集合の抽出

部分集合の表現によく用いる論理演算子を290ページ付録2にまとめましたので，参照してください。

付 録

付録1. Rマークダウン機能について

Pandocのインストール

　解析結果のレポート作成を支援する機能がRマークダウンです。Rコマンダーの標準インストールの状態で出力されるレポートはHTMLファイルですが，Pandocという文書変換ソフトをインストールすることにより，Microsoft Wordファイルやリッチテキストファイル形式でも出力できます。さらに，理工系の論文や文書の作成に広く利用されているLaTeXがインストール済みならば，PDF形式でのレポート出力も可能です。

　Microsoft Wordのユーザーならば，Word形式のレポートファイルをWordで編集する方が便利でしょう。また，Wordを利用しなくても，リッチテキストファイル形式で出力して，テキスト形式が扱える適当なソフトを利用する方法もあります。Rコマンダーを使い続けるならば，Pandocをインストールしましょう。

　Pandocのインストールは，Rコマンダーのメニューから次の手順で行ってください。

「ツール」→「補助ソフトウェアのインストール」のサブメニューから「Pandoc」を選択して，Pandocのサイトにアクセスします。後のインストール操作はサイトの指示に従ってください。

　PDFファイルでの出力には，LaTeXが必要です。LaTeXがインストールされていない場合，Rコマンダーのメニューから「ツール」→「補助ソフトウェアのインストール」のサブメニューか

ら「LaTeX」を選択して，サイトの指示に従ってインストールしてください。このサイトでインストール方法がわからないときは，LaTeXのインストール法を紹介する別のサイトを参照してください。

レポートの作成手順

　Rマークダウンによるレポートを作成し，ファイルに保存する手順はつぎのとおりです。

手順1 「Rコマンダー」ウィンドウにおいて，「Rスクリプト」タブを「Rマークダウン」タブに切り替えます（図1）。

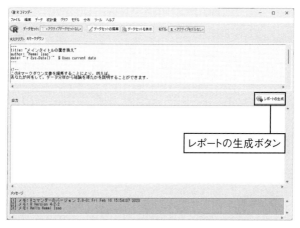

図1 「Rマークダウン」タブの「レポートの生成」ボタン

手順2 「Rマークダウン」ウィンドウの冒頭に出力されているタイトル，作成者名，日付などを編集します。マークダウン記法を使える方は，必要に応じてデータ解析の結果を編集します。なお，編集を生成したレポートファイルで行う場合，手順2をスキップして構いません。

手順3 「レポートの生成」ボタンをクリックします。

手順4 Pandocがインストールされていない場合は，ただちにHTML形式のレポートファイルが生成され，レポートがブラウザで表示されます。Pandocがインストール済みの場合は，「出力形式の選択」ウィンドウが現れます(図2)。希望する出力形式を指定して，OKボタンをクリックするとレポートファイルが生成されます。ファイルの書き込み先とファイル名は「メッセージ」ウィンドウに表示されます。ただしHTML形式「.html(ウェブページ)」を指定すると，ファイルの生成直後にレポートがブラウザで表示されます。

図2 出力形式の選択(LaTeXがインストール済みの場合)

レポートのタイトル，作成者，日付を付ける方法

「Rマークダウン」ウィンドウにおいて，つぎの例のようにtitle（タイトルの指定），author（作成者の指定），date（日付の指定）の箇所を書き換えます。

タイトルを「外来患者の心理的ストレスの要因」と付ける

　　title: ″メインタイトルの置き換え″　⇒　title: ″外来患者の心理的ストレスの要因″

作成者を「逸見功」と付ける

　　author: ″Hemmi Isao″　⇒　author: ″逸見功″

日付を「2023年5月20日」と付ける

　　date: ″`r Sys.Date()`″　# Uses current date　⇒　date: ″`2023年5月20日`″

付録2. 有用な演算子一覧表

種類	記号	意味	使用例
算術演算子	＋	加算	x＋y
	－	減算	x－y
	＊	乗算	x＊y
	／	除算	x／y
	＾	指数	x＾2
関係演算子	＜	未満	年齢＜20
	＜＝	以下	年齢＜＝24
	＝＝	等しい	年齢＝＝65
	＞＝	以上	年齢＞＝65
	＞	より大きい	年齢＞14
	！＝	等しくない	年齢！＝20
論理演算子	＆	かつ	性別＝＝"女"＆年齢＜65
	｜	または	年齢＜15｜年齢＞＝65
	！	否定	！(年齢＜15｜年齢＞＝65)

付録3．有用な関数一覧表

記号	意味	使用例
sqrt()	平方根	sqrt(x)
log()	自然対数	log(x)
log10()	常用対数	log10(x)
log2()	底2の対数	log2(x)
log(,)	底を指定した対数	log(x,10)
exp()	指数関数	exp(x)
round()	小数点以下の丸め	round(x)
round(,)	小数点以下の桁数を指定した丸め	round(x,3)
trunc()	整数部分	trunc(x)
floor()	小数部分の切り捨て	floor(x)
ceiling()	小数部分の切り上げ	ceiling(x)
signif(,)	有効桁数で表示	signif(x,4)

付録4．統計用語集

2標本ウィルコクソン検定（Wilcoxon rank sum test）

t検定が適用できないときに，独立な2群における代表値の差に関する検定で用いられるノンパラメトリックな手法で，ウィルコクソンの順位和検定ともいう。

F検定（F test）

帰無仮説の下でF分布に従う検定統計量を用いる検定法。等分散性の検定や分散分析などに適用される。

Holm法（Holm's method）

多重比較において各対を比較する検定の有意水準やp値を補正する方法。ボンフェローニ補正より精密な補正が可能である。ホルム・ボンフェローニ法ともいう。

p値（p-value）

帰無仮説が正しいと仮定したときに，データから得られた結果よりも対立仮説寄りの結果が得られる確率。有意水準とp値を比較して，帰無仮説を棄却するか否かを判断する。

t検定（t test）

帰無仮説の下でt分布に従う検定統計量を用いる検定法。母平

均の差に関する検定や回帰係数に関する検定などに適用される。

あ行

アンダーソン・ダーリング検定（Anderson-Darling test）

母集団において分布が正規分布か否かを検定する手法のひとつ。

因子（factor）

非数値変数のこと。質的変数，カテゴリカル変数ともいう。

ウィルコクソン検定（Wilcoxon test）

t検定が適用できないときに，分布の代表値に関する検定で用いられるノンパラメトリックな手法。1標本ウィルコクソン検定（Wilcoxon signed rank test），2標本ウィルコクソン検定（Wilcoxon rank sum test），対応のあるウィルコクソン検定（Wilcoxon signed rank test）がある。

ウェルチの検定（Welch's t test）

正規母集団からの独立な2標本で母平均の差に関する検定をするとき，2つの母分散が異なる場合にt検定の代わりに利用される検定法。

オッズ比（odds ratio）

オッズとは，ある事象が生起する確率と生起しない確率の比である。オッズ比とは，2つの異なる条件の下でのオッズの比をとったもので，条件と事象との関連性を表す。両者に関連がないとき，オッズ比は1となる。

回帰係数（regression coefficient）

　回帰式のパラメータ。

回帰式（regression equation）

　回帰モデルの式のうち誤差項を除いた部分。

回帰直線（regression line）

　単回帰分析において目的変数と説明変数との直線関係を表す回帰式。

回帰分析（regression analysis）

　ある変数の値を説明するほかの変数との関係を定量的に記述する式をデータから求めて，現象を解釈していく分析手法のひとつ。現象の説明される変数を目的変数，説明するための変数を説明変数と呼ぶ。

回帰モデル（regression model）

　回帰分析における説明変数と目的変数との関係を定量的に記述する式。

確率密度関数（probability density function）

　連続値をとる量的変数が特定の範囲の値をとる確率を示すのに用いられる，1単位当たりの範囲に含まれる確率（確率密度）を表す関数。

仮説検定(hypothesis testing)

母集団のパラメータに関する仮説を立てて，標本のデータに基づいてその仮説を採択するか棄却するかを判断すること。

片側検定(one-sided test)

たとえば，帰無仮説「母平均は50に等しい」を検定するとき，対立仮説として「母平均は50より小さい」というように，母平均が50より小さい場合のみ考え，50より大きい場合を含まないという方向性を持った対立仮説を設定して，検定すること。

カテゴリカル変数(categorical variable)

非数値変数のこと。性別や血液型のように分類のカテゴリーを値としてとる変数。

観測値(observation)

調査や実験によって測定して得られた変数の値。

帰無仮説(null hypothesis)

検定の対象となる仮説。

クックの距離(Cook's distance)

回帰分析において，てこ比とスチューデント化残差の両方を同時に考慮して各観測値の影響度を表す指標。

クラスカル・ウォリス検定(Kruskal-Wallis test)

1元配置分散分析の適用不可能時に，3つ以上の群間での分布の代表値の差の有無を検定するノンパラメトリックな手法。

ケース(case)

調査や実験によってデータをとる個々の観測対象。

決定係数(coefficient of determination)

目的変数の分散のうち，説明変数で説明できる割合で，回帰モデルの説明力を意味する。決定係数は，目的変数の観測値と回帰モデルによる予測値との相関係数の2乗に等しい。

検定統計量(test statistic)

帰無仮説の検定に用いられるデータから計算される量（統計量）のこと。検定統計量の分布から求めたp値を有意水準と比較して，帰無仮説を棄却するか否かを判断する。

ケンドールのτ（タウ）(Kendall's tau)

2つの量的変数の相関（曲線関係も含む）の強さを測る指標である順位相関係数のひとつ。カテゴリー間に順序関係がある質的変数にも適用可能である。

交互作用(interaction)

重回帰分析や分散分析において，2つ以上の説明変数の積で表される項。

五数要約(five-number summary)

量的データの分布の特性を最小値，第1四分位数，中央値，第3四分位数，最大値の5つの指標によって要約すること。（→要約統計量）

さ行

最小2乗法(least squares method)

すべての観測値について残差の2乗を合計した値を，モデルのデータへの適合の基準（最小2乗基準）として，この基準を最小にするようにモデルのパラメータを推定する方法。

最小値(minimum value)

量的データのうちで最小の値。

最大値(maximum value)

量的データのうちで最大の値。

最尤法(maximum likelihood method)

尤度を最大にするようにモデルのパラメータを推定する方法。

残差(residual)

回帰分析における目的変数の実際の観測値と回帰モデルによる予測値との差。回帰モデルが妥当ならば，残差はモデルの誤差項にあたる。

質的変数(qualitative variable)→　非数値変数

四分位範囲(interquartile range：IQR)

観測値の散らばりを表す指標のひとつ。四分位範囲は，第3四分位数と第1四分位数の差であり，真ん中の値をとる半数のデータが存在する幅である。

シャピロ・ウィルク検定(Shapiro-Wilk test)

母集団において分布が正規分布か否かを検定する手法のひとつ。

重回帰分析(multiple regression analysis)

説明変数が2つ以上の場合の回帰分析。

条件付き平均(conditional mean)

ほかの変数の値を固定したときのある変数の平均。回帰式は説明変数の値を与えたときの目的変数の条件付き平均を与える。

情報量規準AIC

予測の意味でモデルの良さを測る指標として、赤池弘次博士が提案した情報量規準(Akaike Information Criterion)のこと。データに対して適切な統計モデルの選択に利用され、AICの値が小さいモデルの方が良い。

信頼区間(confidence interval)

推定したい母集団のパラメータ(たとえば母平均)を、ある指定された確率(信頼水準という)で含む区間。

信頼水準(confidence level)

信頼区間を推定するときに指定する、母集団のパラメータが信頼区間に含まれる確率のこと。信頼係数ともいう。

水準(level)

因子のカテゴリーをいう。性別の「男」「女」や、血液型の「A」

「B」「O」「AB」などが水準の例である。

推定 (estimation)

標本のデータから母集団のパラメータの値を求めること。1つの値によってパラメータを推定する点推定と，パラメータが含まれる区間を推定する区間推定がある。

数値データ (numerical data)

観測値の値として数値をとるデータ。量的データともいう。

数値変数 (numeric variable)

年齢・身長・体重などの数値をとる変数のこと。量的変数ともいう。

すそが重い分布 (heavy-tailed distribution)

正規分布と比較して，分布のすその頻度が大きい分布のこと。

ステューデント化残差 (studentized residual)

回帰分析において，説明変数の値によって異なる残差の分散が同程度になるように規準化した残差を，規準化残差という。観測値 i のステューデント化残差とは，その観測値を除いて推定した回帰モデルから求めた規準化残差である。外れ値の検出には，規準化残差よりステューデント化残差の方が適する。

スピアマンの ρ (Spearman's rho)

2つの量的変数の相関（曲線関係も含む）の強さを測る指標である順位相関係数のひとつ。カテゴリー間に順序関係がある質

的変数にも適用可能である。

正規分布(normal distribution)

密度関数が左右対称な釣り鐘の形をした分布。母集団分布に正規分布を仮定するモデルや手法が多い。

正規母集団(normal population)

量的変数の分布が正規分布であるような母集団。

説明変数(explanatory variable)

回帰分析や分散分析などのデータ解析における,現象の説明に用いられる変数のこと。因果関係の場合,要因となる変数をいう。独立変数とも呼ばれる。(→　目的変数)

線形回帰(linear regression)

目的変数と説明変数との回帰式に線形関係を仮定するモデルあるいは分析。

た行

第1四分位数(1st quartile)

その値以下であるデータの割合が1/4である値。25パーセンタイルのこと。

第3四分位数(3rd quartile)

その値以下であるデータの割合が3/4である値。75パーセンタイルのこと。

対立仮説（alternative hypothesis）
　帰無仮説を棄却したときに採択する仮説。

多重共線性（multicollinearity）
　説明変数間に強い相関があることをいう。多重共線性がある
と回帰係数の推定が不安定になる。

多重比較（multiple comparison）
　分散分析で帰無仮説が棄却されたときに，どの水準の母平均
が異なるかを探るために，水準のペア間で母平均の差を複数回
検定する方法。

ダミー変数（dummy variable）
　質的変数のカテゴリーを表すために導入する0，1の2値を
とる変数のこと。カテゴリー数がkのとき，$k-1$個のダミー変数
を導入する。

単回帰分析（simple regression model）
　説明変数が1つの場合の回帰分析。

中央値（median）
　量的データの分布の位置を示す代表値のひとつで，メディア
ンともいう。分布の中心となる値で，それより小さな観測値と
大きな観測値の数が等しくなるような値。50パーセンタイルの
こと。

てこ比（leverage）

回帰分析において，それぞれの観測値がどれくらい予測値に影響しているかを表し，影響が大きい観測値を検出するとともに外れ値を検出するための指標。

独立性（independence）

変数の間に関係性がない変数の独立性，あるいは個々のデータの値がほかのデータの値や確率に影響されないというデータの独立性がある。

独立性のカイ2乗検定（chi-square test of independence）

質的変数間の関連の有無について検定する手法で，帰無仮説の下でカイ2乗分布に従う検定統計量を用いる。

度数（frequency）

観測値やデータの個数。頻度ともいう。

な行

ノンパラメトリック（non-parametric）

特定の分布を前提としないウィルコクソン検定やカイ2乗検定のような統計手法のこと。

は行

外れ値（outlier）

分布の全体的な位置から極端に離れた大きいあるいは小さい値のこと。

パラメトリック(parametric)

特定の分布を前提とするt検定やF検定のような統計手法のこと。

ピアソンの積率相関係数
(Pearson product-moment correlation coefficient)

2つの量的変数の相関(直線関係)の強さを測る指標。

非数値変数(non-numeric variable)

数値以外の値をとる変数のこと。たとえば性別のように男・女というカテゴリーを値にとるような変数で,質的変数・カテゴリカル変数・因子ともいう。

標準偏差(standard deviation)

観測値の散らばりを表す指標のひとつで,分散の平方根をとったもの。

標本(sample)

母集団を代表すると考えられる一部分。母集団から抽出された標本を対象に行う調査や実験のデータを統計的に解析して,母集団についての知見を得る。

標本平均(sample mean)

標本のデータから計算された平均で,母平均の推定に用いられる。

フィッシャーの正確検定（Fisher's exact test）

質的変数間の関連の有無について検定する手法で，正確にp値を計算する検定法。カイ2乗検定でp値が正確に求められないような標本サイズが小さいときに用いられる。

ブートストラップ法（bootstrap method）

標本のデータから無作為抽出によって別の標本を生成するリサンプリングおよび推定のシミュレーションを繰り返し，得られた推定値の分布に基づいて推測する計算機統計的方法。特定の分布を仮定する必要がないので，回帰分析においてモデルの誤差が正規分布に従わない場合でも，回帰係数の信頼区間を計算できる。

不偏分散（unbiased variance）

標本のデータから母分散（母集団における分散）を推定するときに，多く用いられる統計量。推定値の平均が母分散に等しい性質（不偏性）をもつので，不偏分散と呼ばれる。

ブルーシュ・ペーガン検定（Breusch-Pagan test）

回帰モデルにおける仮定「誤差の分散が一定である」を検定する手法。

分散（variance）

観測値の散らばりを表す指標のひとつ。観測値について平均の周りの散らばりをみるために，観測値と平均との差を2乗した各値の平均。分散の単位は観測値の測定単位の2乗となるため，分散の平方根をとった標準偏差が用いられることが多い。

分散拡大要因（variance inflation factor：VIF）

多重共線性を検出するための指標。回帰モデルの説明変数に質的変数を含むときは，一般化分散拡大要因（GVIF）を用いる。

分散分析（analysis of variance：ANOVA）

目的変数が量的変数，すべての説明変数が因子（質的変数）であるとき，因子の水準によって目的変数の平均がどのように異なるかを推測する方法。

平均（mean）

量的データの分布の位置（中心）を示す代表値のひとつ。データの平均には，算術平均，幾何平均，調和平均などの種類があるが，ふつう平均といえば観測値の和を観測値の数で割った算術平均を指す。本書でも平均は算術平均を意味する。

平方根変換（square-root transformation）

変数やデータの平方根をとる変換。変数の分布が右に歪んでいたり，変数の分散が変数の値に比例するような場合に分散を一定にするために，適用されることがある。

偏残差（partial residual）

ある説明変数の偏残差とは，目的変数の観測値から，回帰式におけるほかの説明変数の値を代入して得られた値を，引いた値である。偏残差は当該説明変数の影響と残差の和である。

変数（variable）

個々の観測対象によってさまざまな値をとりうる対象の特性

を表すものをいう。変数は，年齢のような数値をとるものだけ
ではなく，性別のような非数値をとるものも含まれる。

母集団(population)

知りたいと思う対象となる，人やものの集まりの全体。

母平均(population mean)

母集団における量的変数の平均。

ボンフェローニ補正(Bonferroni correction)

多重比較において，多重比較の第1種の誤りの確率が分散分
析の有意水準より大きくならないように，各水準間の検定にお
ける有意水準を補正する方法。多重比較における1回の検定で
の有意水準は，分散分析の有意水準を，多重比較の検定回数で
割って定める。

ま行

目的変数(objective variable)

回帰分析や分散分析などのデータ解析における，説明の目的
とされる現象を表す変数のこと。因果関係の場合，結果を表す
変数をいう。従属変数とも呼ばれる。(→ 説明変数)

や行

有意水準(significance level)

帰無仮説のもとでは希にしか生起しない事象として定義する
確率の値で，検定する前にあらかじめ定めておく。有意水準よ
りp値が小さいとき，帰無仮説を棄却して対立仮説を採択する。

尤度(likelihood)

想定した母集団分布に従って計算されるデータの生起確率。

尤度比検定(likelihood ratio test)

入れ子関係にある2つのモデルが等しいか否かを，モデルの尤度を比較して検定する手法。

歪んだ分布(skewed distribution)

左右対称でない形をした分布。例として，指数分布や対数正規分布がある。

要約統計量(summary statistics)

量的データの分布の特性を要約する統計量（観測値から求めた値）。(→　五数要約)

ら行

両側検定(two-sided test)

たとえば，帰無仮説「母平均は50に等しい」を検定するとき，対立仮説として「母平均は50と異なる」というように，母平均が50より小さい場合と大きい場合の両方を含むような方向性をもたない対立仮説を設定して，検定すること。

量的データ(quantitative data)→　数値データ

量的変数(quantitative variable)→　数値変数

ルビーンの検定（Levene's test）

　3群以上の場合にすべての群における母分散が等しいか否かを検定する手法のひとつ。

ロジスティック回帰分析（logistic regression analysis）

　目的変数が2値をとる変数（2カテゴリーからなる質的変数）である場合に用いられる回帰分析。

ロジット関数（logit function）

　オッズの対数をとったものを，確率の関数とみなしたとき，ロジット関数という。ロジット関数の逆関数が，ロジスティック回帰分析に適用されるロジスティック関数である。

付録5．Windows版とMac版の変数対照表

　本書の記述における変数名と値は，Windows版データファイル用の表記に従っています。Mac版データファイルでの表記は，2バイト文字に起因するエラーを回避するため，1バイト文字のみを用いています。Windows版とは異なりますので，以下の表を参照してください。

外来患者心理的ストレスデータの変数名対照表

Windows	Mac
性別	Sex
年齢	Age
年齢区分	AgeClass
年齢コード	AgeCode
年齢コード3	AgeCode3
ストレッサー得点	Stressor
日常苛立ちごと	DailyHassleScore
日常苛立ち	DailyHassle
健康統制感	LocusOfControl
ストレス反応得点	StressResponseScore
ストレス反応	StressResponse
ノンコンプライアンス行動数	NoncomplianceScore
ノンコンプライアンス	Noncompliance

変数の値の表記が Windows と Mac で異なる場合の対照表		
変数	Windows	Mac
性別 (Sex)	男	male
	女	female
年齢区分 (AgeClass)	青年	youth
	壮年	prime
	中年	middle
	高年	elderly
ノンコンプライアンス (Noncompliance)	なし	0
	あり	1

バイタルサインデータの変数名対照表	
Windows	Mac
安静時収縮期血圧	MaxPressureBefore
運動後収縮期血圧	MaxPressureAfter
安静時拡張期血圧	MinPressureBefore
運動後拡張期血圧	MinPressureAfter
安静時脈拍数	PulseBefore
運動後脈拍数	PulseAfter
安静時呼吸数	RespirationBefore
運動後呼吸数	RespirationAfter
安静時体温	TemperatureBefore
運動後体温	TemperatureAfter
身長	Height
体重	Weight

さくいん

【人名】

赤池弘次	215
イハカ, ロス	14
ゴルトン, フランシス	54
ジェントルマン, ロバート	14
チェンバーズ, ジョン	21
テューキー, ジョン・ワイルダー	21
フォックス, ジョン	15

【アルファベット】

AIC	212, 215, 241, 298
BIC	212
CRAN	22
Excelファイルからのインポート	253
F検定	158, 184, 292, 303
F検定統計量	184
Holm法	111, 292
k平均クラスタリング	269
LaTeX	286
NA	246, 265
Null model	237
Pandoc	286
p値	104, 184, 292
QQプロット	87, 107
R Console	28

Rコマンダー	15
Rスクリプトウィンドウ	33, 70
Rスクリプトタブ	32
Rマークダウン	286
Rマークダウンウィンドウ	288
Rマークダウンタブ	32
Rマークダウンファイル	42
Rワークスペース	48, 219, 244
Rワークプレース	244
SLプロット	197, 200
t検定	141, 146, 147, 153, 292, 303
y切片	174, 183

【数字】

1元配置分散分析	163, 295
1標本ウィルコクソン検定	143, 293
1標本のt検定	141
1標本比率の検定	221
2×2分割表	134
2元配置分散分析	170
2元表	130
2元分割表	130
2項検定	221
2標本ウィルコクソン検定	146, 149, 168, 292, 293
2標本比率の検定	224

3次元散布図 18, 126

【あ行】

赤池の情報量規準（AIC）
　　　　　　　　　215, 298
アクティブデータセット
　　　　　98, 258, 279, 282
アクティブモデルを選択　181
新しい変数の計算　261, 262
アンダーソン・ダーリング検定
　　　　　　　　　107, 293
一般化線形モデル　230
入れ子関係　213
色の指定　70
因子　50, 293
因子水準の削除　273
因子水準の順序を変更　271
因子の再カテゴリー化　51, 264
インデックスプロット　56
インポート　248, 253
ウィルコクソン検定
　　　　　155, 293, 302
ウィルコクソンの順位和検定
　　　　　147, 149, 292
ウィルコクソンの符号付き順位
　検定　155
ウェルチの検定　293
ウェルチの方法　147
影響プロット　197, 201
エクスポート　258

エラーバー　81
円グラフ　94
演算子　290
オッズ比　135, 236, 293

【か行】

カイ2乗検定
　　　　　104, 106, 221, 302
回帰係数　174, 183, 195,
　　　　　293, 294, 301
回帰式　175, 294
回帰直線　179, 294
回帰分析　51, 173, 294
回帰平面　127, 130
回帰モデル　173, 294
階級　64, 66, 68, 69
階級数　68
解析結果の保存　219
乖離度　233
確率密度関数　294
仮説検定　131, 220, 295
片側検定　141, 220, 295
カテゴリカルデータ　50
カテゴリカル変数
　　　　　50, 263, 293, 295
関係演算子　290
関数　35, 291
観測値　55, 64, 295
感度分析　55
記述統計　53, 112

規準化残差の正規QQプロット
　　　　　　　　　197, 200
基本的診断プロット　　　197
帰無仮説　　　　104, 295
行の結合　　　　　278
区間推定　　　147, 153, 299
クックの距離　　　202, 295
クラスカル・ウォリス検定
　　　　　　　　　163, 168, 295
グラフ　16, 36, 41, 53, 56, 197
グラフの応用ソフトへの
　貼り付け　　　　　41
グラフの保存　　　　41
クリップボードからのインポート
　　　　　　　　　255
ケース　　　　　296
ケースの削除　　　279, 281
欠測値　　　　98, 281
欠測値のあるケースの削除
　　　　　　　　　281
決定係数　　　　184, 296
健康統制感　　　47, 48
検定　　　　　104
検定統計量　　　109, 296
ケンドールのτ　118, 123, 296
効果プロット　　　197
交互作用　83, 170, 210, 296
誤差　107, 174, 182, 186, 207
五数要約　　　182, 296
コマンドによる操作　33

コントロール変数　　　136

【さ行】

再コード化　　　　263
最小2乗直線　　　114
最小2乗法　114, 127, 179, 297
最小値　68, 98, 182, 296, 297
最大値　68, 98, 182, 296, 297
最尤法　　　　229, 297
作業スペース　　　43
残差　　　　182, 297
残差プロット　　　197, 198
散布図　　　17, 112, 113
散布図行列　　　17, 120
軸のスケールの設定　70
質的データ　　　50, 91
質的変数　50, 81, 91, 104, 112,
　189, 194, 263, 293, 297, 303
四分位数　　　　78
四分位範囲　　　78, 297
四分表　　　　134
シャピロ・ウィルク検定　107, 298
重回帰分析　51, 185, 194, 298
重回帰モデル　　　174, 194
従属変数　　　　306
集中楕円のプロット　115
自由度調整済み決定係数
　　　　　　　　　184, 212
周辺箱ひげ図　　　114
出力ウィンドウ　　　32

出力ファイルを保存　　　　42
順位相関係数
　　　　118, 123, 296, 299
条件付き平均　　　175, 298
信頼区間　　　　　　81, 298
信頼水準　　　　　　82, 298
心理的ストレス反応　46, 176
水準　　　　　　　　50, 298
推測　　　　51, 140, 146,
　　　　152, 220, 304, 305
推測統計　　　　　　　　3
推定　　　　　　　　　299
数値データ　　　　　50, 299
数値による要約　　　　97
数値変数
　　　47, 50, 107, 112, 299
数値変数から因子の作成　263
数値変数を因子に変換　267
数値変数を区間で区分して
　　因子に変換　　　　269
スクリプトファイル　　42
すそが重い分布　　　　299
ステューデント化残差　197, 299
ストレス反応　　　　　49
ストレス反応得点　　47, 49
ストレッサー得点　　47, 48
スピアマンのρ　118, 123, 299
正確2項　　　　　　　221
正規近似　　　　　145, 221
正規性の検定　　　　　107

正規分布　　　　54, 107, 140,
　　　　163, 293, 298, 300
正規母集団　　　　147, 300
制御変数　　　　　　　136
正の相関　　　　　　　118
成分効果　　　　　　　204
成分効果プラス残差のプロット
　　　　　　　　　　197
性別　　　　　　　　　47
説明変数　　51, 114, 136, 173,
　　　　189, 194, 294, 296, 300
説明率　　　　　186, 196
線形回帰　　　173, 179, 300
線形モデル　　179, 189, 209
層化　　　　　　　　　53
相関　　　　　　　　　118
相関行列　　　　　　　123
相関係数　　　　　112, 123
相関の検定　　　　　　118
相対度数　　　　　66, 130
相対度数分布　　　　　105
層別　　　　　　　53, 101
層別統計量　　　　　　101
測定値　　　　　　　　50

【た行】

第1四分位数
　　　　80, 98, 182, 296, 300
第3四分位数
　　　　80, 98, 182, 296, 300

対応のあるt検定　　　　154

対応のあるウィルコクソン検定

　　　　　　　　　　156, 293

対応のある標本　　　152, 155

タイトルの設定　　　　　70

対立仮説　　　104, 295, 301

多元配置分散分析　　　170

多元表　　　　　　　　137

多元分割表　　　　　　136

多重共線性　　　　206, 301

多重比較　　　　　126, 165,

　　　　　　　292, 301, 306

ダミー変数　　　　190, 301

単回帰分析　　　179, 294, 301

単回帰モデル　　　　　174

中央値　　　　　78, 98, 143,

　　　　　　　182, 296, 301

鳥瞰図　　　　　　　　126

重複値　　　　　　　　62

直線関係　　　114, 173, 294

適合度検定　　　　　　104

テキストファイルからのインポート

　　　　　　　　　　249

データエディタ　　　　245

データセットのエクスポート　258

データセットの結合　　276

データセットの保存　　257

データセットの読み込み　258

てこ比　　　　201, 202, 302

統制変数　　　　　　　136

等分散性　　　147, 158, 292

独立サンプルt検定　　147

独立性　　　112, 130, 302

独立性のカイ2乗検定

　　　　　　　　　131, 302

独立変数　　　　　　　300

度数　　　　98, 130, 302

度数分布　　　　　91, 104

ドットチャート　　　　62

ドットプロット　　　　60

【な行】

日常苛立ち　　　　　　48

日常苛立ちごと　　　47, 48

年齢　　　　　　　　　47

年齢区分　　　　　　　47

年齢コード　　　　　　47

年齢コード3　　　　　48

ノンコンプライアンス　49

ノンコンプライアンス行動

　　　　　　　　　47, 228

ノンコンプライアンス行動数

　　　　　　　　　47, 49

ノンパラメトリック(な手法)

　　　　　　　　　55, 302

ノンパラメトリック検定

　　　　　144, 150, 156, 168

ノンパラメトリック密度推定　71

【は行】

箱ひげ図　　　　　　　　　78
外れ値　　　51, 55, 299, 302
パーセント　　　　64, 65, 66
パッケージ　　　　　　21, 36
バートレットの検定　　　161
パラメトリック（な手法）　54, 303
バンド幅　　　　　　　　71
ピアソンの積率相関係数
　　　　118, 123, 126, 303
非数値変数　　　50, 112, 263,
　　　　293, 295, 303
ヒストグラム　　　　64, 66
標準化　　　　　　　　274
標準誤差　　　　　　81, 184
標準偏差　　　81, 99, 303
標本　　　　　　　140, 303
標本サイズ　　　　144, 304
標本平均　　　　　81, 303
比率　　　　　　　　　220
頻度　　　　　　64, 65, 66
頻度分布　　　　　　　104
フィッシャーの正確検定
　　　　　　　131, 304
複数のグラフを並べて描画　96
ブートストラップ信頼区間
　　　　　　　186, 233
ブートストラップ法　186, 304
負の相関　　　　　　　118

部分集合の抽出　　　　　282
不偏分散　　　　　158, 304
プラグイン・パッケージ　　21
ブルーシュ・ペーガン検定
　　　　　　　207, 304
分位点　　　　　　　　99
分割表　　112, 130, 133
分散　　147, 158, 304
分散拡大要因　　206, 305
分散の比のF検定　　159
分散不均一性　　　　207
分散分析　163, 292, 305
分散分析のF検定　212
平滑曲面　　　　　　130
平滑線　　　　　　　114
平均　81, 98, 99, 140, 305
平均値プロット　　　　81
平方根変換　　　90, 305
偏回帰プロット　　　197
偏残差　　　　　204, 305
偏残差プロット　197, 203
変数　47, 50, 140, 305
変数減増法　　　　　216
変数増減法　　　　　216
変数の管理　　127, 261
変数の再コード化　　263
変数名の変更　127, 275
変数を削除　　216, 276
偏相関係数　　　　　123
棒グラフ　　　　　　92

母集団　81, 104, 140, 303, 306
母比率　220
母不良率の検定　221
母分散　158, 293, 304, 308
母平均　81, 140, 306
母平均の差に関する検定
　146, 292, 293
ホルム・ボンフェローニ法　292
ボンフェローニ補正
　169, 292, 306

【ま・や行】

マークダウン　20
右すそが重い　68
右に歪んでいる　68
幹葉表示　74
密度　66
密度推定　71
無相関性の検定　125
メッセージウィンドウ　32
メニュー　32
目的変数　51, 114, 136,
　163, 173, 294, 296, 306
モデル診断　175, 197, 239
モデル選択　212, 239
有意水準　104, 292, 306
尤度　297, 307
尤度比検定　212, 237, 307
歪んだ分布　114, 307
要約統計量　51, 53, 97, 307

【ら・わ行】

ラグランジュ乗数検定　212
ラベルの設定　70
離散型　50
離散数値変数のプロット　64
リサンプリング　186
両側検定　118, 141, 307
量的データ　50, 99,
　296, 299, 307
量的変数　50, 56, 112, 189,
　194, 296, 299, 303, 307
量的変数の層別解析　112
リンク関数　227
ルビーンの検定　161, 308
列の結合　277
レポート作成　42, 286
連続型　50
連続修正を用いた正規近似
　221
ロジスティック回帰分析
　226, 229, 308
ロジスティック関数　227, 308
ロジット関数　227, 308
論理演算子　290
論理式　113, 181, 283
割合　64, 66
ワルド検定　212

N.D.C.548　　318p　　18cm

ブルーバックス　B-2230

とうけい　　　　　　　アール　　ちょうにゅうもん　さいしんばん
統計ソフト「R」超入門〈最新版〉
統計学とデータ処理の基礎が一度に身につく！

2023年5月20日　　第1刷発行

著者	へんみ　いさお 逸見　功	
発行者	鈴木章一	
発行所	株式会社講談社	
	〒112-8001 東京都文京区音羽2-12-21	
電話	出版	03-5395-3524
	販売	03-5395-4415
	業務	03-5395-3615
印刷所	（本文印刷）株式会社KPSプロダクツ	
	（カバー表紙印刷）信毎書籍印刷株式会社	
本文データ制作	ブルーバックス	
製本所	株式会社国宝社	

ISBN978-4-06-531816-4

発刊のことば

科学をあなたのポケットに

二十世紀最大の特色は、それが科学時代であるということです。科学は日に日に進歩を続け、止まるところを知りません。ひと昔前の夢物語もどんどん現実化しており、今やわれわれの生活のすべてが、科学によってゆり動かされているといっても過言ではないでしょう。

そのような背景を考えれば、学者や学生はもちろん、産業人も、セールスマンも、ジャーナリストも、家庭の主婦も、みんなが科学を知らなければ、時代の流れに逆らうことになるでしょう。

ブルーバックス発刊の意義と必然性はそこにあります。このシリーズは、読む人に科学的に物を考える習慣と、科学的に物を見る目を養っていただくことを最大の目標にしています。そのためには、単に原理や法則の解説に終始するのではなくて、政治や経済など、社会科学や人文科学にも関連させて、広い視野から問題を追究していきます。科学はむずかしいという先入観を改める表現と構成、それも類書にないブルーバックスの特色であると信じます。

一九六三年九月

野間省一